普通高等教育"十二五"规划教材

# 深基坑支护理论与应用

刘剑平　朱浮声　王　青　编著

U0352896

北　京

冶金工业出版社

2013

# 内 容 提 要

　　本书在深基坑支护设计方法，合理地选择支护形式和施工工艺，协调好安全、经济、可行三者之间的关系等方面开展了相关研究。全书共分6章，主要内容包括：绪论、深基坑支护方案优选、深基坑排桩支护结构的参数优化、深基坑土钉支护结构的参数优化、深基坑水泥土墙支护结构的参数优化、结论与展望。

　　本书为高等学校土木工程专业研究生教材，也可供岩土工程、边坡工程、地铁工程等领域的科研和施工人员参考。

## 图书在版编目（CIP）数据

　　深基坑支护理论与应用/刘剑平，朱浮声，王青编著．
—北京：冶金工业出版社，2013.6
　　普通高等教育"十二五"规划教材
　　ISBN 978-7-5024-6346-5

　　Ⅰ.①深… Ⅱ.①刘… ②朱… ③王… Ⅲ.①深基坑支护—高等学校—教材 Ⅳ.①TU46

　　中国版本图书馆 CIP 数据核字（2013）第 125644 号

出　版　人　谭学余
地　　　址　北京北河沿大街嵩祝院北巷 39 号，邮编 100009
电　　　话　(010)64027926　电子信箱　yjcbs@cnmip.com.cn
责任编辑　杨　敏　美术编辑　吕欣童　版式设计　孙跃红
责任校对　李　娜　责任印制　张祺鑫
ISBN 978-7-5024-6346-5
冶金工业出版社出版发行；各地新华书店经销；北京百善印刷厂印刷
2013 年 6 月第 1 版，2013 年 6 月第 1 次印刷
148mm×210mm；5.875 印张；210 千字；176 页
**19.00** 元
冶金工业出版社投稿电话：(010)64027932　投稿信箱：tougao@cnmip.com.cn
冶金工业出版社发行部　电话：(010)64044283　传真：(010)64027893
冶金书店　地址：北京东四西大街 46 号(100010)　电话：(010)65289081(兼传真)
　　　　　　(本书如有印装质量问题，本社发行部负责退换)

# 前　言

深基坑开挖与支护及相关理论是各类建筑和地下工程面对的重要问题之一。随着深基坑开挖越来越深，深基坑支护所需投入的费用也越来越大，这就给工程界提出了新的问题和挑战。由于支护工程方案的非唯一性，在深基坑工程中采用优化设计已成为技术发展的必由之路。因此，深入讨论深基坑支护设计方法，合理地选择支护形式和施工工艺，协调好安全、经济、可行三者之间的关系，是进行深基坑支护设计的关键。《深基坑支护理论与应用》在此行业背景下应运而生。本书重点论述了深基坑安全等级及变形控制等级方案优选理论、根据深基坑支护结构参数优化的需要对标准遗传算法（SGA）所做的改进，以及排桩支护、土钉支护及水泥土墙等三种深基坑支护结构的参数优化。利用本书提出的支护参数优化设计方法和自行开发的改进混合遗传算法（IHGA）计算机程序，分别结合工程实例进行了深基坑排桩支护、土钉支护和水泥土墙支护结构参数的优化设计。通过合理建模并采用 IHGA 进行优化，不仅保证了深基坑支护工程的稳定性，同时大大降低了工程材料成本。

全书共分 6 章。

第 1 章绪论。主要介绍深基坑支护工程的特点、支护方法、当前存在问题，基坑工程研究的历史与现状，基坑支护工程优化设计方法及研究现状。

第 2 章深基坑支护方案优选。主要讲述优化设计基本原理、深基坑支护方案优选方法、深基坑支护工程的概念设计、深基坑支护结构选型的原则与规定、方案初选、方案的模糊综合评判优选、优选的简化处理、工程实例。

第 3 章深基坑排桩支护结构的参数优化。包括受力与变形计算、稳定性计算、优化设计模型的建立、优化设计算法、工程实例。

第4章深基坑土钉支护结构的参数优化。讲述影响基坑支护涉及的主要影响因素、土钉墙土压力计算、土钉支护结构的局部稳定性验算、土钉支护结构整体稳定性验算、优化设计模型的建立、工程实例。

第5章深基坑水泥土墙支护结构的参数优化。包括水泥土墙支护结构受力计算、水泥土墙支护结构变形计算、水泥土墙支护结构稳定性验算、优化设计模型的建立、工程实例。

第6章结论与展望。对本书研究工作进行了总结，对今后深基坑支护研究进行了展望。

本书是作者多年来在深基坑支护领域潜心研究的成果总结，在内容上既涵盖仍然被广泛应用的传统知识，又尽可能体现本学科较为成熟的最新研究成果。其编写的宗旨是，满足当代科学技术发展对深基坑开挖与支护及相关理论的专业知识的需求。

本书的出版得到东北大学教务处教材出版资金的资助，在此表示衷心感谢。同时感谢教务处邸魁处长、肖丽姝老师的支持与帮助。

在编写过程中，刘斌教授对书稿进行了认真细致的修改、评审，提出了许多宝贵意见和建议；顾晓薇教授为本书的出版做了大量的工作，在此一并表示衷心感谢。

由于作者水平有限，书中难免存在不当之处，敬请广大读者批评指正，也真诚欢迎广大读者就相关问题与作者进行广泛的交流与讨论。

作　者
2013 年 5 月
于东北大学

# 目 录

# 1 绪 论

## 1.1 引 言

随着城市建设的迅猛发展，有限的地皮难以满足工程项目日益增长的需求，于是人们转向高空和地下发展建筑空间。有人预言，21 世纪将出现城市地下空间开发和利用的高潮[1]。无论是高层建筑、超高层建筑，还是地下结构，基坑开挖与支护都是需要面对的重要问题。基坑工程是集地质工程、岩土工程、结构工程和岩土测试技术等于一体的系统工程，其中既涉及场地工程、水文地质条件和土体的强度与稳定，又涉及支护结构的内力、变形以及土与结构的共同作用，同时还涉及环境影响评价等一系列问题。由于基坑工程的实践总是走在理论研究前面，这使得对它的分析与设计水平相对滞后，从而在一定程度上阻碍了它的进一步发展，而且其安全性和经济性也缺乏足够的理论保证。因此，对基坑工程的设计理论和方法进行全面系统的研究，具有重要的理论和现实意义。

基坑工程是一个古老而又具有时代特点的岩土与结构工程问题。放坡开挖和简易木桩支护可以追溯到远古时期。随着人类文明的进步，人们为改善生存条件而频繁从事的土木工程活动促进了基坑技术的发展。随着国内外大量高（超高）层建筑及地下工程的兴建，相应的基坑工程数量不断增多，对其要求越来越高，出现的问题也越来越多，这为基坑的合理设计和施工提出了许多紧迫而重要的研究课题[2]。

深基坑支护是基础工程施工中一个相对年轻的课题，同时也是尚未得到很好解决的岩土工程问题之一，深基坑工程问题实质上归根结底就是稳定性和变形的问题。从最早的放坡开挖，到后来的由于场地的限制而设计附加结构体系的支护系统开挖，深基坑工程已由土力学经典课题变为 20 世纪 60 年代以来岩土工程界面临的一个重要课题。深基坑支护工程既涉及土力学中的土压力问题，又包含了结构的刚度、变形与稳定性问题，同时还涉及土与支护结构的共同作用。对这些问题的认识及对策的研究，是随着土压力理论、计算分析技术、测试仪器以及施工机械、施工技术的进步而逐步完善的。

随着我国城市高层建筑的大量兴建，建筑越来越呈现出向高空和地下发展的趋势，因而建筑物地下室的层数越来越多，基坑开挖越来越深，而开挖所需投入的费用也越来越大。这就给工程界提出了新的问题和挑战，即如何总结原有的工程经验，发展新的理论依据和探索新的施工工艺，以满足这些问题的解决。基坑开挖及基础工程的费用，在整个工程成本中占有很大的比例，因此，合理地选择支护形式，采用相应的施工工艺，协调好安全、经济、可行三者之间的关系，是进行深基坑支护设计的关键。

基坑支护工程已成为当前岩土工程领域十分关注的工程热点，也是提高工程质量、减少工程事故的重点，同时还是岩土工程领域的难点（其技术复杂、综合性很强），主要表现为[3~6]：

（1）基坑支护工程随着社会经济发展逐年增多，问题也日显突出。

（2）基坑支护事故不仅造成极大的经济损失，而且还会带来一定的社会负面影响。

（3）基坑支护工程实施的途径并非唯一。

（4）基坑支护设计是基坑支护成败的关键，直接制约着基坑工程的安全和经济性。

基坑支护实施途径的非唯一性主要表现在[7]：

（1）支护方案的非唯一。目前我国工程实践中应用的基坑支护形式不下数十种，如果从构成基坑支护方案的各子项的组合来看，支护方案多达 160 多种。采用何种支护方案，直接影响着支护工程的成败和投资的效益。

（2）设计理论的非唯一。有关基坑支护工程的设计理论很多，从设计准则上看，有强度和稳定性设计准则、变形控制设计方法和极限分析理论。从设计方法上看，有常规设计方法、弹性地基梁法和有限元法等。不同的设计理论和设计方法有不同的适用条件，相应地，其设计结果也可能相差悬殊，特别是基坑支护工程实践往往超越其设计理论的发展，从而导致实施过程中一些设计理论的失败。

（3）支护结构参数的非唯一。再好的设计最终将落实到具体的设计参数取值上。同一支护方案，由于设计参数选用的不同，既可能失败也可能成功，或是偏于保守造成浪费。

由于支护工程实施的非唯一性，在基坑工程设计中必须采用优化设计，优化设计是基坑支护工程发展的必由之路。因此，深入讨论基坑支护设计方法，对更好地设计基坑支护结构，减少基坑工程事故的发生有着重要的意义。

## 1.2　深基坑支护工程的特点

在建设可持续发展城市的过程中，城市地下空间的开发与利用有着非常重要的作用，它既是调节城市土地使用结构、扩充城市空间容量的重要手段，也是建立现代化城市综合交通体系、防灾救灾综合空间体系的重要途径，同时也是城市基础设施现代化建设的主要方法。自 20 世纪 90 年代以来，岩土深基坑围护问题已经成为我国建筑工程界的热点问题之一，总的来说，其具有深、差、密、紧、多等特点，即基坑越挖越深；工程地质条件越来越差；基坑四周已建或在建高大建筑物密集或紧靠重要市政道路及设施；施工工期紧；工程事故多等。软土地区的深基坑还具有地下水位高、基坑变形的时空效应明显等特点[8]。

深基坑支护工程是一个高难度的岩土工程技术课题，其影响因素较多，与场地条件、地层情况、水文地质条件、施工管理、现场监测及相邻建筑场地的施工相互影响等密切相关，同时深基坑支护工程又是一个复杂的、与众多学科相关的交叉学科，涉及土力学、水文地质、工程地质、结构力学、施工技术等知识，它要求研究的问题较多，不但要研究土的强度、变形、稳定性问题，还要研究土与结构的相互作用；同时还需研究施工方法及施工过程对岩土体的影响和制约，变形反馈对结构设计的控制等重要问题，因此，深基坑支护工程的设计与施工具有一定的难度[9]。如设计方案或施工方法不当，容易导致事故的发生。这里简单地以施工过程对设计的影响为例，来说明深基坑支护设计的不确定性和复杂性。一般来说，除了某些与建筑物基础或地下室结合成整体的支护结构外，基坑支护结构属于临时性工程设施，从构筑到退出工作，其工作状态是动态的或者说是不断变化的，因此，要正确分析支护结构在不同工况时的受力状态与变形情况是有一定难度的。从力学的观点来看，场地可以看作本构关系比较复杂的多相半无限体，在基坑开挖之前，半无限体处于平衡状态，基坑开挖打破了原来的平衡，从而使基坑周围一定的范围内土体应力场与渗透场失衡。基坑支护的目的，便是通过支护作用，在基坑开挖的情况下，使土体应力场与渗透场重新处于平衡或动态平衡状态。显然，要精确分析这一类问题，是十分困难的，这不仅在于力学模型的复杂，更是由于水土参数具有较大的不确定性与离散性。从这个简单地分析可以看出，目前基坑支护系统的计算方法都具有明显的近似性，这也给基坑支护设计带来了不确定性。不过虽然深基坑支护工程具有这些复杂性，但它在国内还是蓬勃地发展起来了。人们通过大量的实际应用，总结出了很多的经验和教训，并已经编制了深基坑支护设计与施工的多部国家行业标准及地方的相关法规。

我国从 20 世纪 80 年代初开始逐步进入深基坑设计与施工领域，20 世纪 90 年代以后，基坑支护工程在我国开始大范围涌现，经过十几年的发展，目前我国深基坑工程具有以下特点[10]：

（1）建筑趋向高层化，基坑开挖深度越来越深。

（2）基坑开挖面积大，长度与宽度有的达数百米，给支撑系统带来较大的难度。

（3）在软弱的土层中，基坑开挖会产生较大的位移和沉降，对周围建筑物、市政设施和地下管线产生严重威胁。

(4) 基坑施工工期长、场地狭窄，降雨、重物堆放等对基坑稳定性影响很大。

(5) 在相邻场地的施工中，打桩、降水、挖土及基础浇筑混凝土等工序会相互制约与影响，增加协调工作的难度。

(6) 基坑支护形式具有多样性。迄今为止，支护形式有数十种。

以结构受力特点来划分，可将基坑支护类型划分为以下三类：

1) 被动受力支护结构。其特点为支护结构依靠自身的结构刚度和强度被动地承受土压力，限制土体的变形，从而保持土体边坡安全稳定。常用的方法多为传统的支护技术，例如，人工挖孔桩、机械钻孔桩、钢板桩、钢管桩、支撑围护结构及地下连续墙体。

2) 主动受力支护结构。其特点为通过不同的途径和方法提高土体的强度，使支护材料与土体形成共同作用体系，从而达到支护的目的。常用的方法有土钉支护技术和软土地区采用的搅拌桩技术等。

3) 组合形式。组合形式是将前两种支护方法同时应用到同一个基坑工程中。这种支护形式已经在许多工程中成功应用，表现出很大的优势和潜力。

由于基坑支护的多样性，所以基坑支护工程的施工途径是非唯一的。基坑支护设计是基坑支护成败的关键，直接制约着基坑工程的安全和经济。正因如此，基坑支护工程已成为当前岩土工程领域十分关注的工程热点，也是提高工程质量、减少工程事故的重点。

由于支护工程实施的非唯一性，在基坑工程设计中必须采用优化设计，优化设计是基坑支护工程发展的必由之路。当前，在实际工程中，深基坑的支护结构设计存在着两种极端的现象：一是由于设计和施工方面的原因而导致深基坑工程事故，造成重大经济损失；二是支护结构的选择和设计极为保守，造成浪费。后者往往更加难以引起人们的注意。因此，深入讨论基坑支护设计方法，对更好地设计基坑支护结构，减少基坑工程事故的发生有着重要的意义。

对基坑工程的研究可以从不同的角度进行分类。从研究手段来区分，可以分为试验研究、理论分析和数值计算三种。试验研究是通过对大量基坑进行测试与监测，总结出一套适合某一地区的支护和开挖方法；理论分析是以岩土力学、结构力学以及最优化方法为基础对基坑体系进行深入的研究，优化确定基坑支护工程的控制参数，从而指导工程设计；数值计算则是计算机出现后发展起来的一种方法，它以岩土力学、计算力学以及计算机辅助设计为基础，通过具体数据对基坑开挖和支护进行数值分析，是目前比较常用的研究方法。三种方法各有优缺点，同时使用，可以相互弥补不足，但遗憾的是这三者常常都是分开进行的。从研究内容来区分，可以分为基坑稳定性分析、基坑变形分析、基坑中土与支护结构相互作用分析、基坑渗流分析、基坑空间效应分析以及基坑优化设计和基坑边坡土体参数的反分析等等，由于计算手段的提高，许多以前无法进行分析的问题现在也都可以在一定程度上得到解决[11]。

## 1.3    深基坑支护方法

关于深基坑开挖和支护，根据场地及施工条件，供选择的方法很多。在众多的方法中，人工挖孔桩资历最深，已有100余年的历史了，经逐步发展演化才出现了钻孔桩、钢板桩、预制钢筋混凝土桩、地下连续墙，以及深层搅拌桩和各种支撑等[12,13]。20世纪70年代以来，世界各国在上述传统方法中大量引入锚固技术，出现了桩锚、板锚、管锚、撑锚等联合支护结构形式，获得了广泛的应用。国际上著名的美国西雅图科拉蒙亚（Columoia）大厦基坑（1984），国内北京地铁西直门车站基坑（1976），都是采用工字钢板加锚杆成功支护的。进入90年代，深基坑喷锚网支护法进入建筑市场，以及土钉墙方法的广泛应用，使得可供选择的深基坑支护方法更加丰富。

### 1.3.1    放坡开挖

图1-1为放坡开挖示意图，放坡开挖的特点是造价经济，因此，其是设计时应首先考虑的支护形式。该方法适用于地下水少、基坑土质条件较好的场地。缺点是需要较大的工作空间，雨水多时易发生事故。放坡坡高确定的合理与否，决定着坑壁的稳定性和挖方量

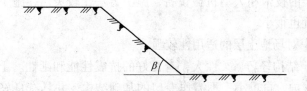

图 1-1　放坡开挖示意图

大小，因此，放坡坡度的取值非常重要。

## 1.3.2　土钉支护结构

图 1-2 为土钉支护示意图，土钉支护是近年发展起来用于土体开挖和边坡稳定的一种新的挡土技术，由于经济可靠，且施工快速简便，已在大量工程中得到应用。其主要应用于有一定黏性的砂土、黏性土、粉土、黄土及杂填土，当场地同时存在砂、黏土和不同风化程度的岩体时，应用土钉支护特别有利。

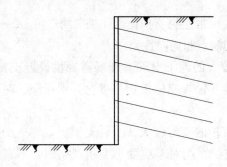

图 1-2　土钉支护示意图

土钉支护的优点为：

（1）材料用量和施工工程量少，施工速度快。土钉支护将土体作为支护结构的一部分，土方开挖量、混凝土用量、钢筋用量少，远低于桩、墙支护。土钉支护的施工速度比其他支护快得多，有的甚至可将工期缩短一半以上。

（2）施工方法比较灵活、操作方法简单。土钉的制作与成孔不需要复杂的技术和大型机械设备，施工方法比较灵活，施工时对环境的干扰也很小。

（3）对场地土层的适用性较强。

（4）结构轻巧、柔性大，有良好的抗震性能和延性。土钉支护属柔性支护，自重小，不需作专门的基础结构，并具有良好的抗震动能力。土钉支护即使破坏，一般也不至于彻底倒塌，并且有一个变形发展过程，反映出良好的延性。

（5）安全可靠。土钉支护施工和新奥法施工一样，边开挖边支护，喷射混凝土和土体开挖面紧密接触，土体受到的扰动很少。虽然土钉需要土体发生变形以后才能工作，但现场实测表明，土钉支护的位移量与其他支护方法相当。众多的土钉起到群体作用，个别土钉失效对整体影响不大。土钉技术有一个重要的优点，即可以根据现场开挖发现的土质情况和现场监测的土体变形数据，修改土钉间距和长度。如果出现不利情况，也能及时采取措施加固，避免出现大的事故。

（6）经济。一般土钉支护比灌注桩节约造价 $1/3 \sim 2/3$。

土钉支护的缺点和局限性为：

（1）需要较大的地下空间。现场需提供设置土钉的地下空间，当基坑附近有地下管线或建筑物基础时，则在施工时有相互干扰的可能。

（2）土钉支护的变形较大。土钉支护属柔性支护，其变形大于预应力锚撑式支护，当对基坑变形要求严格时，不宜采用土钉支护方案。

（3）土钉支护不适宜在软土及松散砂土地层中应用。

（4）土钉支护如果作为永久性结构，需要专门考虑锈蚀等耐久性问题。在无特殊侵蚀作用的土体中，解决这一问题并不复杂。

### 1.3.3　内支撑支护结构

内支撑支护结构由挡土结构体和支撑体系构成，而支撑体系按照不同的开挖方式和布置形式又可分为单层、多层支撑和角撑、斜撑等等，如图 1-3 所示。

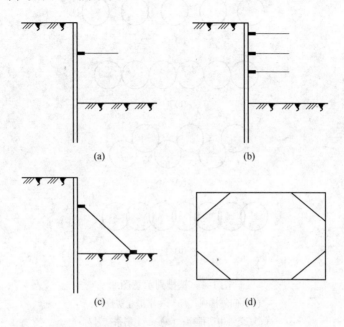

图 1-3　各类内支撑支护示意图

（a）单层支撑；（b）多层支撑；（c）斜撑；（d）角撑

## 1.3.4　柱列式挡土支护结构

　　按照单个桩体成桩工艺的不同，柱列式挡土墙桩型大致有以下几种：钻孔灌注桩、预制混凝土桩、挖孔桩、压浆桩、劲性水泥土搅拌桩（SMW）。这些单个桩体可在平面布置上采用不同的排列形式形成连续的板式挡土结构，来支挡不同地质条件下基坑开挖时的侧向土压力和水压力。以下列举了几种常用柱列式挡土墙形式。图1-4 为桩排列示意图。其中，间隔排列式适用于无地下水或地下水较深，土质较好的情况。在地下水位较高时应与其他防水措施结合使用。一字形相切或搭接排列式，往往因在施工中桩的垂直度不能保证及桩体扩径等原因影响桩体搭接施工，从而达不到防水要求。因此，除具有自身防水的 SMW 桩形挡墙外，常采用间隔排列与防水措

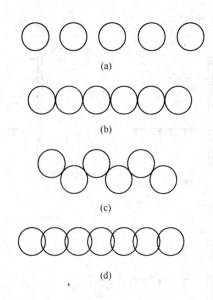

图 1-4　桩排列示意图

（a）间隔排列；（b）一字形相切排列；

（c）交错相切排列；（d）一字形搭接排列

施结合，具有施工方便，防水可靠，成为地下水位较高软土地层中最常用的柱列式挡土墙形式。

## 1.3.5　拉锚式支护结构

用拉杆锚固支护基坑的开挖或用作抗拔桩抵抗水的浮托力等的应用已日益普遍，图 1-5 为拉锚式支护示意图。拉锚最大的优点是在基坑内部施工时，土方开挖与支撑施工互不干扰，尤其是在不规则的复杂施工场所，以锚杆代替挡土横撑，更便于施工。这是人们乐于大量使用该支护形式的主要原因。随着对锚固法的不断改进并配合可靠性的检测手段，使拉锚支护的使用范围更加广泛。拉锚是将一种新型受拉杆件的一端（锚固段）固定在开挖基坑的稳定地层中，另一段与工程构筑物相联结（钢板桩、挖孔桩、灌注桩以及地下连续墙等），用以承受由于土压力、水压力等施加于构筑物的推

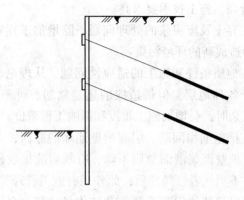

图1-5　拉锚式支护示意图

力，从而利用地层的锚固力以维持构筑物（或土层）的稳定。

### 1.3.6　地下连续墙

地下连续墙 1950 年最早出现在意大利实施的两项工程中，既 Santa Malia 大坝下深达 40m 的防渗墙、附近的贮水池及引水工程中深达 35m 的防渗墙。自此以后，地下连续墙的建造技术在世界各地获得广泛的推广。我国 1958 年出现了排桩式地下连续墙，而壁板式地下连续墙 1976 年才出现。近年来，地下连续墙技术无论在工程实践中，还是在理论研究上都获得了很大发展。地下连续墙具有以下优点：

（1）可作为永久结构的全部或一部分使用。

（2）可减少工程施工时对环境的影响。施工时振动小，噪声低。能够紧邻相近的建筑及地下管线施工，对沉降及变位较易控制。

（3）地下连续墙的墙体刚度大、整体性好，因而结构和地基变形都较小。

（4）地下连续墙为整体连续结构，加上现浇墙壁厚度一般不少于 60cm，钢筋保护层又较大，故耐久性好，抗渗性能亦较好。

（5）在施工方面较为安全，且施工进度较快。

地下连续墙的缺点有：

（1）造价高，施工技术要求高。

（2）存在弃土及废泥浆的处理问题。除增加工程费用外，如处理不当，还会造成新的环境污染。

（3）存在地质条件和施工的适应性问题。从理论上讲，地下连续墙可适用于各种地层，但最适应的还是软塑、可塑的黏性土层。当地层条件复杂时，会增加施工难度和影响工程造价。

（4）存在槽壁崩塌问题。引起槽壁崩塌的原因，可能是地下水位急剧上升，护壁泥浆液面急剧下降，有软弱疏松或砂性夹层，以及泥浆的性质不当或者已经变质，此外还有施工管理等方面的因素。槽壁崩塌轻则引起墙体混凝土超方和结构尺寸超出允许的界限，重则引起相邻地面沉降、崩塌，危及邻近建筑和地下管线的安全。

其他形式的支护结构（如拱型、门型支护结构等等）。门型支护和拱型支护可看作桩支护的变异和创新，他们都能够更有效地利用土体与支护结构之间的相互作用，图1-6 为拱型结构和门型结构示意图。

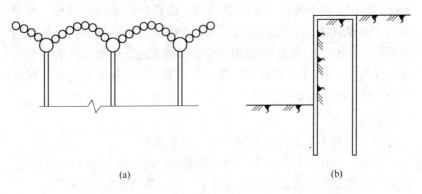

(a)          (b)

图1-6 拱型结构和门型结构示意图
（a）拱型支护结构平面；（b）门型支护结构剖面

各种支护方案都有它们的适用范围和优缺点，比如：拉锚式支护虽然可改善支护结构的内力分布形式，但具有一定技术难度和施工范围限制；内支撑式支护不需要基坑以外的空间，但却会妨碍基坑内的土方施工；土钉墙支护虽然造价比桩支护低，但工艺相对复杂而且很难应用于软土地区等等。

## 1.4 深基坑支护工程当前存在的问题

深基坑支护工程当前存在的问题包括：

（1）支护结构设计计算与实际受力不符。目前，深基坑支护结构的设计计算仍基于极限平衡理论，但支护结构的实际受力并不那么简单。工程实践证明，有的支护结构采用按极限平衡理论计算的安全系数，从理论上讲是绝对安全的，但却发生了破坏；有的支护结构却恰恰相反，即安全系数虽然比较小，甚至达不到规范的要求，但在实际工程中仍获得成功。这说明极限平衡理论中的参数选择及方法体系都存在一些不足，有待改进和完善。这也不难理解极限平衡理论是深基坑支护结构的一种静态设计，而实际开挖的土体处于一种动态平衡状态，随着时间的延长，土体强度逐渐下降，并产生一定的变形，在设计中本应给予充分的考虑，但在目前的设计计算中却被忽视掉，这就造成了设计计算方法的不完善，甚至一定程度上的不适用[14]。

（2）设计中土体的物理力学参数选择不当。由于在深基坑开挖后，土体物理力学参数是可变值，使得相应参数值的选取十分复杂，沿用库仑公式或朗肯公式，很难准确地计算出作用在深基坑支护结构上的土压力大小。土体物理力学参数的取值对计算结果产生很大的影响，参数选择不当，则直接威胁到支护结构的安全性[15]。

（3）对深基坑开挖中存在的空间效应考虑不周。深基坑开挖中大量的实测资料表明：基坑周边土体向基坑内发生的水平位移是中间大两边小，深基坑边坡失稳常常发生在长边的居中位置，即基坑开挖与其空间分布有直接关系，这说明深基坑开挖是一个空间问题。传统的深基坑支护结构的设计是按平面应变问题处理的，忽略了开挖的空间效应，这会在近似长方形或长方形的深基坑特别是软土地区的深基坑的支护结构设计中产生较大偏差。在设计过程中，应对支护结构的构造进行适当调整，以适应基坑开挖的空间效应要求[16]。

（4）深基坑土体的取样具有不完全性。对地基土层进行取样分析试验，取得较为准确的物理力学指标，才能为支护结构的设计提供可靠的依据。但在勘察时一般按照国家规范的要求进行钻探取样，为减少勘察的工作量和降低造价，钻孔数量非常有限，所取土样具有一定的随机性，特别对于地质构造极其复杂、多变的场地，所取得的土样不可能全面反映地基土层的真实性，这可能导致后续支护结构的设计具有一定的偏差，不能完全满足实际支护需要[17]。

## 1.5 基坑工程研究的历史和现状

作为一个特殊的岩土工程问题，基坑工程非常复杂[18]，且涉及面非常之广，很难全面地概括其研究状况，在此只针对基坑工程中几个重要方面及其相关内容来阐述其研究的基本情况。

### 1.5.1 土压力

在基坑设计中，土压力计算是一个非常重要的问题，目前，常使用的仍然是两个经典土压力理论，即朗肯土压力理论和库仑土压力理论。实践已经证明：由于土压力受多种因素的影响，这两个经典理论的计算结果与实际情况有较大误差，所以，许多人进行了改进，并取得了许多有价值的研究成果：从地基强度理论的角度出发研究土压力系数，考虑具有水压力的土压力以及关于水土压力分算与合算问题的研究[19~22]，考虑开挖卸载对土压力的影响[23]和考虑墙面摩擦效应时土压力的研究[24]，考虑多种影响因素的土压力研究[25]，从概率的角度研究土体参数对土压力的影响[26]，以及对被动土压力的研究[27,28]等等。在使用静力平衡法、等值梁法等解析方法和杆系有限元数值方法来设计支护结构时（若不特别标明，支护结构皆指传统方法中的桩、板、管、墙等），土压力都是以外力的形式出现的，因此，土压力计算的正确与否以及误差大小将直接影响设计结果。在基坑开挖过程中，支护结构会发生向基坑一侧的位移，作用在支护结构上的主动区土压力会减小，而被动区土压力会增大，因此，在基坑开挖过程中土压力又是变化的[29]。在开挖过程中基坑一侧土体不断被挖除，会使支护结构位移增大，而支撑或者锚杆（锚索）不断加到支护结构上又会阻止支护结构发生位移，因此，真实的土压力应是多方面影响因素综合作用的最后结果。静力平衡法、等值梁法等解析方法无法考虑这些因素，已经不能完全适应设计的需要，杆系有限元法以支护结构为对象，以土压力和预加支撑力（或锚固力）为外力，可以计入开挖过程中的各种影响因素，而且它使用简单、方便，且计算结果符合工程需要，因而得到了大量的推广应用，并已经被写入规范[30]，成为基坑设计的一种常规方法。由于基坑支护工程的力学特性与有限元法的广泛适用性，杆系有限元通常使用增量形式[31]。许多人在杆系有限元的基础上对土压力计算公式做了研究，以期考虑土与支护结构共同作用效应[32,33]及考虑开挖过程中对施工的影响[34]。由于土压力随机性比较强，数值方法是一条行之有效的研究途径。一般来说，只要土压力与地基反力系数取值合理，杆系有限元法都会得出令人满意的结果，但是要做到这一点却比较困难。对于地基反力系数的取值，许多人开展过研究，大部分学者认为地基反力系数在开挖过程中不是一成不变的，它与支护结构的位移有密切关系[35]。另外，杆系有限元法只是将土体作为外力来考虑，它不能对基坑周围地面沉降、基坑底部隆起给出任何评价，所以，在当今，由于基坑对周边建筑物的影响越来越受到重视，杆系有限元法逐渐暴露出了自身无法克服的缺点。

## 1.5.2 土与支护结构相互作用分析

有限单元法能够有效地解决连续介质问题，在分析基坑开挖时，也是将土体与支护结构作为一个连续的整体对象来考虑的，开挖荷载和支撑力（或锚固力）为外力。由于土体与支护结构物理力学性质相差较大，在外力作用下，在接触界面上两者的变形与应力并不是连续的，将它们作为一个连续体考虑会导致较大误差，甚至会得出错误的结果。

　　目前研究土与结构相互作用的方法大致可分为三种：一种是直接法将接触面上相互作用问题作为一个二次规划问题考虑；一种是通过研究土与接触面上的本构关系，在土与结构的接触面上设置接触单元，将非连续问题转化为连续问题，以便于有限元处理；另一种是基于接触力学原理提出的 Lagrange 乘子法，其中的乘子相当于接触力或者接触应力，只要求出其中的乘子，就可以得到接触面上的力或应力分布，且计算精度较高。本书采用的是接触单元法，即通过在土与结构的接触界面上设置接触面单元，进行有限元求解。

### 1.5.3　基坑开挖与支护的数值模拟

　　1970 年，Duncan 和 Chang 首次应用有限元数值方法对边坡开挖的性状进行了分析[36]，通过与实测资料的对比，认为有限元法可以较好地预测边坡开挖，其中土体本构模型采用双曲线非线性弹性模型[37]。1981 年，Mana 通过现场实测和有限元联合分析，发现墙体变形和地表沉陷与基底隆起安全系数有直接关系，并建立起与之相关的经验公式[38]，Mana 同时还提出了开挖荷载的计算方法，即 Mana 法，一直沿用至今。1984 年，Potts 用有限元法分析了内支撑和锚杆的受力及其变形特性[39]，研究表明用极限平衡理论设计挡土墙时，尽管给出了一定的安全系数，但并不能将挡土墙及土层的变形严格控制在可接受的范围内。1987 年，Chan 等用应变软化有限元方法分析了有软弱土层的开挖问题[40]，认为软弱土层的应变软化特性控制开挖的稳定性，数值计算得到的渐进变形和剪切区域扩展与现场观测到的现象相一致。1988 年，曾国熙等针对杭州地区饱和软黏土，在三轴试验的基础上，提出了考虑应力路径影响的非线性模量方程[41]，将研究成果应用于基坑开挖的有限元分析中，研究了板桩墙插入深度和刚度、支撑刚度等因素对基坑性状的影响。1990 年，Borja 等针对修正剑桥模型用于逐级开挖的问题，利用提出的应力一点积分非线性有限元分析方法，预测了有支撑开挖实际工程的变形特性[42]，该方法在土体不破坏时，无条件地收敛，且具有很高的计算精度。1991 年，Finno 等用水-土混合有限元方法对影响有支撑开挖的多种因素进行了研究[43,44]，包括本构模型、边界条件和板桩施工过程等。1995 年，谢宁等提出并建立了非线性流变有限元解析的二次初应变法，并以搅拌桩支护为例，按非线性流变模型进行有限元计算，与实测结果进行对比分析[45]。1998 年，卢艳梅等由室内模拟实验所得到的考虑渗流作用的土体应力应变关系[46]，以 Biot 固结理论为基础，将其推广应用于考虑土体黏弹性特性，针对多个算例，应用有限元法对基坑开挖井点降水进行了理论分析与验证。1998 年，范益群对土体建立了非饱和土弹塑性变形多孔介质和数学模型[47]，用于模拟考虑施工过程中地下水渗流过程与非饱和土变形之间的相互耦合作用。1998 年，孙吉主在边界面模型中引入卸载塑性概念，提出卸载物态转换线、卸载过程中塑性流动方向和塑性模量表达式[48]，对加荷—卸荷、卸荷—再加荷试验曲线进行了数值模拟，利用该模型编制了相应的有限元程序，并对上海地区某深基坑工程的变形进行了数值计算。1999 年，高俊合等建立了固结、土-结构相互作用效应的数值分析方法，分析了基坑开挖过程中渗流、水平位移、地面沉降及坑底隆起等各因素之间的相互影响[49]。2000 年，应宏伟等将 Biot 固结有限元法用于饱和软黏土地基深基坑性状的开挖分析中[50]，通过典型算例分析了土体超静负孔压的分布及分步开挖工程中的固结效应，阐述了开挖速率的影响。

## 1.6 基坑支护工程优化设计方法及研究现状

### 1.6.1 设计准则

基坑支护设计准则主要包括：强度和稳定性控制设计、变形控制设计和极限分析理论（可靠性设计理论）等。

（1）强度和稳定性控制设计。强度和稳定性控制设计方法是传统的基坑支护设计方法。它主要是在设计支护结构时，要求结构内力满足强度要求，基坑满足稳定性验算。

（2）变形控制设计。变形控制设计要求对支护结构进行变形验算，使其保持在允许范围内。其内涵广泛，主要包含以下四个基本点[51]：

1）变形预测分析；

2）动态设计；

3）确定控制目标；

4）时域性问题。

稳定和变形是基坑工程设计的两个重要内容。对于某些对变形没有严格要求或变形量很小的工程，一般按强度和稳定性控制设计。当基坑处于软土地区或因相邻建筑物限制等必须对变形要求十分严格的，则按变形控制设计。按变形控制设计并不是可以不管强度和稳定性是否满足要求，而是在任何情况下都必须满足这两个要求，即按变形控制设计理论本身也包含对强度和稳定性要求进行验算。从强度控制设计到变形控制设计是观念上和理论上的一次飞跃，它深化了支护结构设计的内容，拓展了其设计内涵，提高了设计水平[52]。

（3）极限分析理论（可靠性设计理论）。由于支护系统的荷载、承载力和变形参数等均非定值，而且包含有具可变性和随机性的随机变量，因此，传统的定值设计方法已显露出它的不完善，支护体系采用可靠性分析原理按极限状态设计已成为发展的总趋势[53]。

建筑物的上部结构设计已全部采用基于可靠度理论的新规范，但在基础工程中，仅桩基工程率先采用可靠度设计，其他方面则刚刚起步。在基坑工程中开展这方面的工作较少，国内外基坑支护结构基于不确定性分析的可靠度研究成果很少，只有 Matsuo M 等人[54]在这方面做过较细致的工作。其主要原因是基坑工程中影响因素众多，积累的资料较少，研究难度较大。目前，上部结构采用可靠度设计，而基础工程（包括基坑）则采用定值设计，存在各种不协调的问题[55]。

## 1.6.2 计算理论与设计方法

### 1.6.2.1 土压力计算理论

工程中常采用朗肯理论（1857）和库仑理论（1773）作为土压力的计算理论，但基坑工程中的土压力与古典理论土压力存在许多不同，如表 1-1 所示。

**表 1-1 古典理论土压力与基坑支护结构土压力的区别**

| 对比项目 | 库仑、朗肯理论土压力 | 基坑支护结构上的土压力 |
|---|---|---|
| 土 类 | 墙后填土为均质无黏性砂土 | 坑壁土体为自然界中存在的各种土，开挖前土体已具有一定的结构强度 |
| 土体中应力 | 先筑墙后填土，填土过程是土体应力增长过程 | 先设桩（墙）后在基坑内开挖土方，开挖过程是土体应力释放过程 |
| 结构使用要求 | 挡土墙是永久性的 | 支护结构多数是临时性的 |
| 结构特性 | 假设挡土墙为刚性体 | 支护结构多数为柔性结构 |
| 土压力特性 | 挡土墙建成后视土压力为定值 | 土压力是土与支护结构之间相互作用的结果，其大小和分布随结构类型、刚度、支点数量而异，在开挖过程中随结构变形而动态地变化 |
| 墙土间摩擦力 | 朗肯土压力理论假设墙背与填土之间不存在摩擦力 | 支护结构与其背后土体之间存在摩擦力 |
| 空间效应 | 库仑、朗肯土压力理论所解决的挡土墙是平面问题 | 支护结构土压力有显著的空间效应 |
| 时间效应 | 库仑、朗肯极限平衡原理，属于静态设计原理 | 开挖后的土体处于动态平衡状态，这是由于开挖后长时间内基坑环境有所变化以及土体松弛等原因使土体强度逐渐下降 |
| 施工效应 | 土压力计算参数 $c, \varphi$ 值等采用定值，不考虑施工效应 | 基坑工程降排水引起土体固结，打桩时产生挤土效应，以及对地基土进行加固等，均会提高土的 $c, \varphi$ 值 |

与古典土压力理论相比，基坑土压力计算具有以下特点：复杂性（影响因素太多）、不确定性、多样性（计算和试验方法多样）、随机性、变异性（施工效应、结构形式效应、时间效应、空间效应及地下水影响等）以及超静定性等。

基坑土压力计算方法多种多样，大致分为两大类：水土合算法和水土分算法。基坑围护墙上的土压力是采用水土压力分算还是合算以及抗剪强度指标如何选用，目前在学术界是争论的热点问题，看法并不一致[20,56~58]。在工程中，对于透水性强的砂土和碎石土，按水土分算无异议，关键在于对透水性弱的粉土和黏性土。从土的有效应力理论出发，水土分算的根据比较充分，但实际操作困难较大，因为分算时要采用土的有效强度指标 $c'$ 和 $\varphi'$，而测定这两个指标难度很大。因此，实际工程中"几乎不用有效应力法进行水土分算"是容易理解的。水土合算在理论上不够完整，但实施比较容易，加上一定的经验修正，"在有经验时可用水土合算"的提法是合理的。目前对弱透水性土中的水压力问题的认识还不够，应进一步试验研究。当基坑两侧有稳定的渗流时，计算水压力应考虑水力梯度影响。

基坑土压力计算理论无论在基本假设上还是在计算原理上都存在一些严重缺陷，因此，应充分积累地区经验，合理调整设计参数，以弥补设计理论上的不足，才能取得较好的设计结果。

### 1.6.2.2  基坑支护设计方法

目前，基坑支护设计方法有三种[59,60]，一是常规设计方法，也称为极限平衡法或压力图形法。属于这种方法的有自由端法和固定端法，这两种方法在西方发达国家用得较为普遍。此外还有一些方法，但应用较少。用常规设计方法一般只能计算出内力，难以计算出支护结构的变形。第二种方法是弹性地基梁法，也称为梁柱方法，它是把支护桩墙当做弹性地基上的梁来处理。第三种方法为有限元法，其被认为是最有前景的计算方法。总体来看，常规设计方法对一些问题的计算不够理想，有限元法计算比较复杂，弹性地基梁数值法较为实用。因此，应在弹性地基梁数值方法基础上作些发展和完善，以解决一些更为复杂的问题，使其发展成为一个能较好地解决工程实际问题的简便实用方法。

### 1.6.3 优化设计方法

围绕基坑工程优化问题，工程技术和研究人员开展了大量的研究工作，提出了许多优化设计方法，如 Monte Carlo 随机模拟方法、数值计算方法（如有限元）、现代工程数学方法（如模糊数学、灰色理论）、反分析方法、计算机辅助设计方法（如专家系统、智能软件包）、系统工程优化设计方法（如层次分析法）等，且已逐渐将这些方法应用至基坑工程实践中。如郭方胜、刘祖德根据长江一级阶地的工程地质和水文地质特点构造层次结构模型，采用层次分析方法建立起深基坑支护系统方案的评价体系[61]，通过武汉国贸大厦基坑支护方案的优选来介绍层次分析法在深基坑支护系统方案优选中的应用[62]，将反分析方法应用于基坑工程中等等[63]。近年来，国内众多单位和学者采用计算机辅助设计的方法进行优化设计，如中航勘察设计院秦四清、同济大学杨敏等人推出的软件包。文献[64]以 SAP91 软件和优化算法软件包 OPB-1 为基础，通过编制数据转换程序 DT 和优化建模程序 OPM，实现面向桩-土相互作用的深基坑双排桩支护结构优化设计；此外，文献[65]采用惩罚函数法对单排锚拉灌注桩基坑围护结构进行优化设计；文献[66]采用强度、变形及成本控制的多目标函数随机搜索最佳方案的整体优化设计方法，对二维非线性岩土工程专业版有限元程序 NCA P2D 进行了大量的修改、补充和完善，形成了深基坑工程变形控制优化设计及其有限元数值模拟系统 SDCDE-FEM；文献[67, 68]运用模糊数学原理对深基坑支护方案进行优选；文献[69]从系统工程角度出发研究基坑工程的优化。

### 1.6.4　深基坑优化设计面临的难题

以上优化设计方法虽能起到一定的优化效果，但仍存在着一些不足和面临着一些难题。

（1）基坑工程优化设计实质上是寻求基坑支护系统的参数或运行方式的最优组合或匹配，然而其需要优化的方案和细部设计变量众多，且大多是离散变量，解空间非常庞大，优化设计面临着"组合爆炸"问题。基坑支护优化设计的目标函数往往是隐式的，在很多情况下，系统中包含有大量的不确定性因素，使得优化目标和设计变量间根本无法建立起确定的函数关系，对此，现有的最优化数学方法无能为力。

（2）上述方法都只是从某一方面（角度）或运用某一手段对基坑支护进行优化，从方法论角度看，目前的基坑支护优化设计尚缺乏对各类基坑普遍适用的优化设计方法。其主要原因有两个：一是基坑支护涉及的因素众多，并且许多因素的取值及相互关系具有不确定性，难以准确把握和正确认识；二是经典的优化设计理论难以解决基坑支护优化设计问题。

基坑工程涉及因素众多，并且许多因素的取值及相互关系具有不确定性，这是开展优化设计的根本原因。因此，优化设计应以系统工程方法作为其基本的分析思想和手段。虽从系统工程角度出发研究基坑工程的优化，但仅侧重在影响因素和系统结构分析上，在优化算法上未能体现出协同优化设计的理念，从而无法解决子系统优化时优化目标的相互冲突问题。文献［61，62］虽采用层次分析方法，但仅停留在定性分析和半定量分析上。

## 1.7　本书主要内容

本书的主要研究内容如下：

（1）在依据基坑安全等级和变形控制等级初步选择方案基础上，

利用模糊综合评判法进行方案的进一步优选，按安全可行、经济合理、环境保护、施工便捷等基本准则进行一级模糊评判。根据深基坑支护体系设计应满足强度、变形和稳定性验算等基本原则，经过分析，确定影响安全性的因素，进行二级模糊评判；根据深基坑支护体系施工费用、土方开挖费、施工监测及检测费、环保费用等基本原则确定影响经济性的因素，进行二级模糊评判；根据施工对周围居民生活的影响、施工对周围建筑物和地下管线的影响、施工产生的次生灾害影响等基本原则确定影响环境保护的因素，进行二级模糊评判。采用模糊评判法对东大国际中心基坑支护工程进行方案优选。

（2）对深基坑排桩支护结构的受力、变形和稳定性计算进行了研究，并通过引入多个约束条件建立了深基坑土钉支护参数优化模型。对优化设计算法进行了研究，在此基础上，根据深基坑支护结构参数优化设计问题的特点，针对优化问题的特殊性质和要求，对 SGA 提出了若干的改进措施。其中包括提出单亲遗传算子和转基因算子等。但 SGA 具有局部搜索能力差、迭代过程缓慢的缺点，无法得到很好的改善。因此，提出具有局部搜索能力强和收敛快等特点的三等分割算法，并和 SGA 结合成 HGA，既发挥三等分割算法局部搜索能力强的特点，又发挥 SGA 全局性好的特点。将 IGA 与三等分割算法混合而构成 IHGA，以解决 SGA 在迭代过程中经常出现未成熟收敛、最优个体被破坏而发生振荡、随机性太大和停滞等问题和局部搜索能力差、迭代过程缓慢的缺点。采用自行开发的 IHGA 对深基坑单支点排桩支护结构的插入深度、桩截面面积、桩中心距、桩配筋面积、支点位置、支撑截面面积和支撑配筋面积等重要参数进行优化设计。

（3）对深基坑土钉支护结构主要影响因素进行讨论，并对其受力计算、变形计算和稳定性计算进行了深入研究。通过引入多个约束条件建立了深基坑土钉支护参数优化模型，并采用自行开发的 IHGA 对深基坑土钉墙的土钉道数、土钉直径、土钉长度、土钉水平间距、土钉竖向间距和土钉倾角等重要参数进行优化设计。

（4）对深基坑水泥土墙支护结构主要影响因素进行讨论，并对其受力计算、变形计算和稳定性计算进行了深入研究。通过引入多个约束条件建立了深基坑水泥土墙支护结构参数优化模型，并采用自行开发的 IHGA 对深基坑水泥土墙支护结构的水泥土墙的置换率、水泥土墙组合宽度、水泥土墙插入基坑底以下的深度等重要参数进行优化设计。

# 2 深基坑支护方案优选

## 2.1 概　述

从某种意义上来说，深基坑支护工程是一个复杂的系统工程[70]：

（1）深基坑支护工程涉及面大，影响因素较多，如地质条件、岩土性质、场地环境、气候变化、施工工法、监测手段等等，同时也离不开工程地质、水文地质、岩土力学、结构力学、材料力学、施工技术、工程经济等多种学科知识的指导。

（2）深基坑支护工程由支挡、降水和土方开挖、工程监测、环境保护等环节所构成，任何一个环节的失控，都可能酿成工程事故。

（3）深基坑支护工程不是一个简单的孤立的支护工程，深基坑自开挖之日起，其支护体系、施工过程和维护过程均与周边环境不断地相互影响、相互作用。

（4）场地岩土性质和水文地质条件的复杂性、不确定性和非均匀性以及基坑工程施工和运行期间内降雨、周边道路动载、施工失误等许多不利因素的随机性和偶然性，都会影响基坑工程的正常施工和使用；深基坑支护工程事故的发生常常具有突发性。

我国幅员广阔，几乎遍及全国的高层建筑和其他地下工程给岩土工程师们提供了诸如深厚饱和软土、承压水头埋藏很浅的含水层以及饱和砂性土、湿陷性黄土、膨胀土等各种复杂的工程地质和水文地质条件下的深基坑工程。近10年的工程实践表明，在基坑支护工程中既有大量成功的经验，也有不少失败的教训，更有一系列有待进一步解决的问题。目前在实际工程中，还大量存在着两种极端的现象：一是由于设计和施工不当而导致深基坑支护工程事故，造成重大经济损失，特别是引起基坑周边的建筑物、道路以及水、电、煤气管网等市政工程的破坏；二是由于支护选型和设计保守而造成投资浪费。后者往往更加难以引起人们的注意。在深基坑支护工程招标中，由于各投标单位采用支护和设计计算方法的不同，所以报价相差一倍以上的情况并不鲜见。深基坑支护工程作为一门系统工程，必须在其包含的相关的众多确定性因素和非确定性因素中，寻找参数的最佳取值与匹配，以达到节约造价的同时又能解决复杂的技术问题，继而保障基坑工程和周边环境的安全和功能使用需要的目的。一个深基坑工程需要一个真正优秀的方案，即优化设计。因此，如何使得深基坑工程做到安全、经济，就成为目前一个亟待解决的课题。在深基坑工程中，支护方案的选择是至关重要的。一个合理的支护方案既能保证安全，又能节约成本。反之，一个不合理的方案即使造价很高，也不见得一定能保证安全。因此，对于每一个设计人员来说，方案选择这一重要环节都必须高度重视。

## 2.2  优化设计基本原理

一个正确的深基坑工程设计，既要保证整个支护结构在施工过程中的安全，又要控制结构和周围土体的变形，以保障周围环境的安全。在安全的前提下设计合理可以达到节约造价、方便施工、缩短工期的目的。深基坑工程的优化设计主要从以下四个方面进行[70]：

（1）技术的可靠性、先进性以及施工工艺的可行性。

（2）经济效益。

（3）环境影响。

（4）工期。

深基坑工程的优化设计按其阶段不同，可分为三级优化：系统优化、设计计算优化和动态反演分析优化（包括信息化施工）。系统优化，也即方案优化，是指根据某一深基坑工程所要达到的目标而优选出一个最佳方案。设计计算优化是在支护系统确定后，对具体方案的细部进行优化计算，如锚杆或支撑点的位置和层数、支护桩的桩径和桩距等优选，优化目标是使深基坑工程总体造价为最小，设计计算优化问题是有约束极小化问题，目标函数为整个支护结构的材料总价值函数，约束包括支撑位置的限定、桩顶端或坑壁坡顶最大位移的限制等等。动态反演分析优化是在相同工程及地层条件下，通过利用当前施工阶段量测到的全量或增量信息，来反求地层性态参数和初始应力状态，进而达到准确预测相继施工阶段的岩土介质和结构的力学状态响应[71]，为施工过程的实时模拟、设计验证和修改提供可靠依据，其中包含了目前常用的信息化施工方法。

深基坑支护工程系统优化包括深基坑支护工程的概念设计、支护结构和地下水处理以及周边环境保护等方案的优选。它是整个深基坑支护工程优化设计的第一步，也是最重要的一步。基坑支护系统设计首先应着眼于概念设计，着眼于可行方案的筛选与优化[72]。深基坑支护工程的概念设计是深基坑支护工程的一种整体设计思想，也是面向问题的方案设计方法。具体来说，这种方法包含两个方面的意义：

（1）从需要解决的关键问题入手，针对具体深基坑支护工程的几何特征、土层特征、地下水特征和环境特征，进行方案的优选。

（2）从定性的概念出发，确立下一步设计时采用的土压力模式、地下水作用模式和支护结构计算方法。如有的工程主要是渗流破坏，有的则主要是深厚软土层的整体失稳或支护结构的大变形对周边环境的不良影响等等，抓住关键问题，在定性分析的基础上确立具体问题的对策措施。由于深基坑支护工程是一门实践性很强、比较复杂的综合工程，某些理论和计算方法还不能正确地反映实际施工工况、模拟施工过程。再者，岩土材料具有一定的"不确定性"和"地域性"，因此，建立在"经验法则"基础上的工程类比方法和"专家系统"是深基坑工程概念设计的主要途径，信息化施工法是深基坑工程概念设计在施工过程中的必然延伸。图2-1为深基坑工程优化设计流程图。

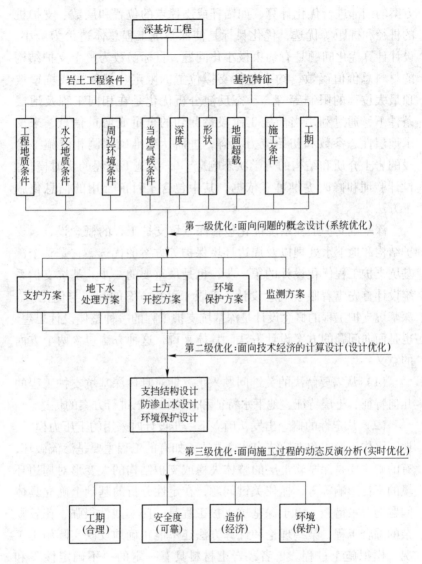

图 2-1　深基坑工程优化设计流程图

影响深基坑支护方案的因素众多,并且各因素之间相互联系、相互依赖、相互制约、相互作用,很难用技术可行等约束条件和费用最低的单目标优化准则做出最佳决策。深基坑工程支护方案的优选是一个多目标的决策问题，根据"最优化原则"求解是一种理想的途径。但实践表明，"最优化原则"求解是一种理想原则，现实中并不存在，决策者由于受到认识上的限制，不可能知道他们的决策所产生的全部结果；由于决策环境的日益复杂和决策因素的日益增多，决策者也不可能了解全部的决策方案；另外，由于人力、物力和财力的限制，也不可能将所有方案一一进行比较。因此，在优化中采取"满意化原则"对深基坑工程支护方案进行优选才是一种现实原则。

## 2.3 深基坑支护方案优选方法

在工程实践中，为了选择一个较好的支护方案类型，业主往往需要征询专家的意见。对于方案选择的具体操作，国内的专家们尚无统一的看法。目前，对于深基坑支护方案的选择主要有两种方法。

第一种是定性方法，即依靠专家的经验和工程实践形成的经验来选择方案。例如，龚晓南教授在其主编的《深基坑工程设计施工手册》中，只是把支护方法的选用原则简单地概括为：安全、经济、方便施工和因地制宜[73]；刘建航和侯学渊教授主编的《基坑工程手册》，则根据开挖深度和地区的不同给出了一个方案选择表[74]；赵志缙和应惠清主编的《简明深基坑工程设计施工手册》中，也是根据基坑场地条件、支护形式适用条件等确定支护方案。一些专家则倾向于按某个特定的方案选择顺序进行选择，如秦四清提出了这样一个支护方案选择顺序：无支护开挖，放坡＋土钉，土钉墙，放坡＋桩支护，土钉墙＋桩支护，悬臂桩，搅拌桩，放坡＋锚桩，土钉墙＋锚桩，锚桩墙，地下连续墙[9]。《建筑基坑支护技术规程》（JCJ 120—1999）指出支护结构可根据周边环境、开挖深度、工程地质和水文地质、施工作业设备和施工季节等条件，按规程推荐的支护结构选型表确定[75]。

第二种是定性分析和定量计算相结合的方法，最具代表性的是利用多目标决策方法来进行方案优选。1965 年，美国加州大学教授

L. A. Zadeh 提出了模糊集的概念，美国数学家 A. L. Sally 在 20 世纪 70 年代提出了层次分析法，随后在科学评判、项目评审、竞赛打分、企业分类和经济预测、工程项目决策优选等方面都开始得到广泛的应用[76]。在基坑支护方案选择决策时，要考虑安全、造价、工期等目标，这些目标之间是相互作用和矛盾的，属于多目标决策问题。20 世纪 90 年代后期，层次分析法、模糊综合评判法等开始在基坑支护方案优选中得到应用。1997 年，王东运用模糊综合评判法的原理，在专家系统的帮助下，根据计算的综合价位系数最大来选择基坑支护方案[77]；吕培印在 1999 年根据深基坑工程及其支护体系知识，综合运用系统工程、模糊数学理论，构造了深基坑支护体系的指标体系分层递阶结构图，按定性指标和定量指标对支护体系作综合评判[78]；段绍伟、沈蒲生等针对目前深基坑支护结构选型缺乏科学依据，仅凭工程经验判定支护方法等存在的问题，通过分析深基坑支护工程的主要参数，运用非结构性决策模糊集分析法，研究了工程可靠度、工程造价、工期对深基坑支护结构选型的影响[79]；万文根据地铁深基坑支护工程特点，构造了单级模糊评价模型，对地铁车站深基坑支护方案的模糊评价进行了研究[80]；廖英等利用层次分析法在深基坑支护方案优选研究方面作了初步的研究[81]。

## 2.4　深基坑工程的概念设计

深基坑支护工程是一个复杂的动态系统工程，它需要面对的岩土工程条件、环境条件、施工条件存在着诸多不确定性、多元性和时域性：

（1）土性的非均匀性和不确定性。由于地基土在空间上的非均质性和地基土的物理力学性状不是常量，在基坑的不同部位、不同施工阶段，土性是变化的，甚至基坑土方开挖的快慢都会导致软土表观力学性质的变化，所以，地基土对支护结构的作用力或提供的抗力也随之变化。同时，由于软土的流变特性，在基坑开挖以及支撑施工过程中，每个工况开挖的空间几何尺寸和挡墙开挖部分的无支撑的暴露时间，与基坑围护结构变形和基坑周围地层位移之间有明显的相关性，即表现出"时空效应"。

（2）外力的不确定性。作用在支护结构上的外力往往随着环境条件、施工方法和施工步骤等因素的变化而改变。

（3）周边环境条件的不确定性。施工场地内突然发现的地下障碍物、地下管网线以及周边自来水管、污水管的破裂可能导致水对场地土的浸泡，天气和温度的变化等这些事先未曾预料的因素都会影响到支护结构上外力的变化，随之影响到基坑支护工程的正常施工和使用。

（4）变形的不确定性。变形控制是支护结构设计的关键，但影响变形的因素很多，支护结构的刚度、支撑（或锚杆）体系的布置和构件的截面特性、地基土的性质、地下水的变化，以及施工质量等等都是导致变形不确定性的原因。

因此，深基坑工程不同于一般的结构工程和地基基础工程，设计计算是不可缺少的，但第一步的概念设计却是至关重要的，即从深基坑工程定性的概念分析入手，抓住某个特定深基坑工程所要面对的关键问题，着眼于工程判断、方案的筛选和优化。表 2-1 所示为各种支护结构的特性及使用条件。

**表 2-1 各种支护结构的特性及使用条件**

| 序号 | 支护结构名称 | 特 点 | 适宜地质条件 | 水渗防抗 | 施工 | 造价 | 工期 |
|---|---|---|---|---|---|---|---|
| 1 | 钢板桩 | 整体性好，刚度较好，一次投入钢材多 | 软土、淤泥及淤泥质土 | 咬口好能止水 | 难于打入砂卵石及砾石层，有震动噪声 | 能重复利用则省，反之造价则高 | 较长 |
| 2 | 地下连续墙 | 整体性好，刚度好，可以按平面设计成任何形状，施工较困难，需有泥浆循环处理 | 各种地质、水位条件皆适宜 | 防水抗渗性能好 | 需有大型机械设备 | 高 | 慢 |

| 序号 | 支护结构名称 | 特点 | 适宜地质条件 | 水渗防抗 | 施工 | 造价 | 工期 |
|---|---|---|---|---|---|---|---|
| 3 | 桩排式 | 整体性及刚度较地下连续墙差，但简便易行 | 除砾石层外，各种土层皆适宜 | 需采用防水抗渗措施，否则止水性差 | 施工机具简单 | 较省 | 较快 |
| 4 | 双排桩前排加钢筋面层 | 桩上必须筑钢筋混凝土扁圈梁或单桩斜梁拉结，使双排桩顶形成门式，有位移变形小的效果 | 黏土、砂土、粉土、砂卵石等地下水位底的地区 | 不抗渗 | 施工简单无震动、噪声 | 很省 | 快 |
| 5 | 深层搅拌水泥土挡墙 | 整体性好，刚度较好，墙内可加钢筋或工字钢 | 软土、淤泥质土 | 好 | 需深层搅拌机械，施工较容易 | 较高 | 较长 |
| 6 | 拱型支护结构 | 拱型结构有闭合拱和非闭合拱之分 | 砂土、黏土、粉土等 | 差 | 边砌筑边浇筑混凝土，边开挖 | 省 | 较快 |
| 7 | 悬臂式支护结构 | 平面布置灵活，但整体性差 | 砂土、黏土、粉土等 | 差 | 施工简单 | 较省 | 较快 |
| 8 | 桩锚支护结构 | 与挡土结构连接，锚入地下，利用地层的锚固力来平衡挡土结构所受的土压力、水压力 | 砂土、黏土、粉土等 | 差 | 施工要有锚杆机械及灌浆设备 | 较高 | 较慢 |
| 9 | 钢板桩与支护体系 | 在基坑内支撑有水平横撑及斜撑 | 在软土地区使用 | 咬口好能止水 | 支撑施工较困难，挖土亦较困难 | 较高 | 长 |

| 序号 | 支护结构名称 | 特 点 | 适宜地质条件 | 水渗防抗 | 施工 | 造价 | 工期 |
|------|------|------|------|------|------|------|------|
| 10 | 地面拉结与挡土结构 | 需地面开阔，拉结仅能做一道 | 砂土、黏土地区较好，软土地区差 | | 施工较方便 | 较省 | 较快 |
| 11 | 土钉墙 | 挖一层土做一排土钉，做法与锚杆作业相仿 | 砂土、黏土、粉土等 | | 洛阳铲或专用机具施工，应与挖土配合好 | 省 | 较快 |

## 2.5 深基坑支护结构选型的原则与规定

### 2.5.1 深基坑支护结构选型的基本原则

深基坑支护结构选型应遵循"安全、经济、合理"的原则。具体地说，就是要综合考虑基坑平面尺寸、基坑周边环境、场地工程地质与水文地质条件、施工季节、已有的施工机械设备、地区经验做法、施工便捷性、安全性要求、相应的行业规范和条例、经济性要求与社会效益等多种影响因素，合理选择深基坑支护结构形式并在细部予以优化[30]。

### 2.5.2 深基坑支护结构选型的一般规定

应当注意，在进行深基坑支护结构选型及设计时，基坑侧壁安全等级和变形控制需要首先予以确立并重点考虑。在确立了基坑侧壁安全等级并得到相应的重要性系数后，需查阅工程适用范围内的相关规范和条例所给定的变形限值，以指导深基坑支护结构的选型和设计[82]。

# 2.6 方案初选

方案初选是深基坑支护方案优选的第一步。它是指从大量备选方案中筛选出少量几个较好的方案，为进一步优选做准备。它包括以下几方面的内容：

（1）搜集有关支护体系方案选择方面的基础性资料。具体包括：

1）工程地质和水文地质资料。做好基坑工程的岩土勘察是搜集工程地质和水文地质资料的前提。

2）场地周围环境及地下管线状况。搜集的资料包括：基坑周围邻近建（构）筑物状况调查；基坑周围地下管线状况调查；基坑邻近地下构筑物及设施状况调查；周围道路状况调查等。

3）地下结构资料。地下结构资料包括：主体结构地下室的平面布置和形状以及与建筑红线的相对位置；主体结构的桩位布置图、主体结构地下室的层数、各层楼板和底板的布置与标高以及地面标高等。

4）本地区常用支护形式、常见支护结构的特性及适用条件、有关规范规定的条款以及类似工程的基坑支护资料等。

（2）确定基坑安全等级，结合地区经验，初步选择深基坑支护结构形式和监测方案。

（3）确定基坑变形控制等级，据此确定支撑形式、开挖方式以及地下水处理方案等。

## 2.6.1 基坑安全等级的确定

基坑安全等级的划分是对支护设计、施工的重要性认识及计算参数的定量选择，是一个难度很大的问题[82]。根据基坑安全等级并结合地区经验及相关规范，可以初步选定备选方案，并为基坑监测项目选用提供依据。

基坑安全等级分为三级，不同等级采用相应的重要性系数 $\gamma_0$，基坑安全等级分级如表 2-2 所示[82]。

**表 2-2 基坑安全等级**

| 安全等级 | 破 坏 后 果 | $\gamma_0$ |
|---|---|---|
| 一级 | 支护结构破坏、土体失稳或过大变形对基坑周边环境及地下结构施工影响很严重 | 1.10 |
| 二级 | 支护结构破坏、土体失稳或过大变形对基坑周边环境及地下结构施工影响一般 | 1.00 |
| 三级 | 支护结构破坏、土体失稳或过大变形对基坑周边环境及地下结构施工影响不严重 | 0.90 |

注：有特殊要求的建筑基坑安全等级可根据具体情况另行确定。

## 2.6.2 基坑变形控制等级的确定

确定基坑变形控制等级和制定相应的变形控制标准，进而为确定合理地围护结构型体、合理地控制因基坑降水和开挖施工引起的环境变化（这里指周围环境、设施因降水或开挖施工所产生的变形）以及重点监测项目目标的制定等提供依据，从而避免人力、物力的浪费，减少工程事故隐患。变形控制等级的确定是个复杂的综合推理过程，其可利用的信息多具有模糊性。本书拟用模糊数学的概念和模糊逻辑的推理方法，利用模糊综合评判，结合专家打分的层次分析法，从基坑自身规模、工程地质水文条件以及周围环境条件三方面，对变形情况做出综合评判，从而根据控制要求将其分为五个等级，如表 2-3 所示，一级为要求最严格，五级为要求最不严格。

**表 2-3 变形控制等级与变形控制参考值**

| 变形控制等级 | 条件评语 | 变形控制参考值/mm | 控制要求 |
|---|---|---|---|
| 一级 | 极差 | 10 | 很严格 |
| 二级 | 差 | 20 | 严格 |

| 变形控制等级 | 条件评语 | 变形控制参考值/mm | 控制要求 |
|---|---|---|---|
| 三级 | 一般 | 30 | 较严格 |
| 四级 | 较好 | 50 | 不严格 |
| 五级 | 好 | 大于50 | 无要求 |

## 2.7　深基坑支护方案的模糊综合评判优选

　　深基坑支护工程是一个相当复杂的系统工程，深基坑支护方案的优选，受很多因素的影响，其中有许多因素都具有模糊性，很难用费用最低的单目标优化准则做出评价。在实际工程中，对于初选出的多个方案，往往很难判断哪一个方案更优越。因为每一种方案都有其特点，有的较省钱，有的施工速度快，有的环境影响小，有的安全性好，而这些方面又很难直接进行定量化比较，因而给方案的确定带来了一定的难度。如在地质条件较好的地区，土钉墙与桩锚支护体系是经常采用的形式，单从造价而言，土钉墙要好些，因为它较经济、施工简便。但从安全稳定及对周围环境的影响上来看，土钉墙的优越性不如桩锚结构，因为土钉墙为柔性支护，它允许坡顶有一定的位移，而对于那些坡顶地表位移有严格要求的基坑而言，桩锚支护体系更可靠，可满足坡顶位移要求。

　　评价一个方案优劣的主要依据是安全性、可行性、施工便捷程度、造价以及环境影响等几个方面。因此，深基坑工程支护方案往往需要多个属性来描述，其方案的优劣评价也相应地需要从多个方面来进行。传统的评价支护方案优劣的定性方法，如专家问卷调查法、加权平均法等，由于包含的主观因素多，评价误差大，可信度不高，因而不能科学、客观、真实地反映深基坑支护方案的优劣程度。进行方案优选的实质是实现上述多重目标的最优，由于这些属性中往往具有模糊性，所以，可以用模糊综合评判的方法去评价一个方案的好坏[83]。

2.7 深基坑支护方案的模糊综合评判优选

### 2.7.1 建立因素集

将影响评判对象的各因素组成因素集 $U$，即

$$U = \{u_1, u_2, \cdots, u_m\} \qquad (2\text{-}1)$$

其中，$u_i(i = 1, 2, \cdots, m)$ 为第 $i$ 个因素，每个因素按其性质和程度细分为 $n$ 个等级。可表示为如下的因素等级集

$$u_i = \{u_{i1}, u_{i2}, \cdots, u_{in}\} \qquad (2\text{-}2)$$

其中，$u_{ij}(i = 1, 2, \cdots, m; j = 1, 2, \cdots, n)$ 为第 $i$ 个因素的第 $j$ 个等级。各因素与各等级之间的关系可视为等级论域上的模糊子集，即

$$\widehat{u}_i = \frac{\mu_{i1}}{u_{i1}} + \frac{\mu_{i2}}{u_{i2}} + \cdots + \frac{\mu_{in}}{u_{in}} \qquad (2\text{-}3)$$

其中，$0 \leqslant \mu_{ij} \leqslant 1(i = 1, 2, \cdots, m; j = 1, 2, \cdots, n)$ 为第 $i$ 个因素的第 $j$ 个等级对该因素的隶属度。

### 2.7.2 建立备择集

因为评判的目的是弄清基坑支护方案的合理性，为了描述合理的程度取备择集为

$$v = \{\text{很合理}, \text{合理}, \text{一般}, \text{不合理}, \text{很不合理}\} \qquad (2\text{-}4)$$

其数值用百分制表示为

$$v = \{95, 80, 70, 55, 40\} \qquad (2\text{-}5)$$

### 2.7.3 各方案同步评判

支护方案不止一个，往往有多个，然而选择支护方案所考虑的因素具有共同性，因此，可用同一因素集进行同步评判。

### 2.7.4 一级模糊综合评判

综合因素的各个等级对支护方案选择的贡献是一种单因素评判，设第 $i$ 个因素的第 $j$ 个等级的评判为 $u_{ij}$，对备择集中第 $k$ 个方案的隶属度为 $\gamma_{ijk}(i = 1,2,\cdots,m; j = 1,2,\cdots,n, k = 1,2,\cdots,p)$，则第 $i$ 个因素的等级评判矩阵为

$$\hat{k}_i = \begin{bmatrix} \gamma_{i11} & \gamma_{i12} & \cdots & \gamma_{i1p} \\ \gamma_{i21} & \gamma_{i22} & \cdots & \gamma_{i2p} \\ \vdots & \vdots & & \vdots \\ \gamma_{in1} & \gamma_{in2} & \cdots & \gamma_{inp} \end{bmatrix} \tag{2-6}$$

为了使各因素具有同一评判矩阵 $\hat{k}_i$，以简化计算，各因素等级应按影响评判对象的趋势一致来排列。

为了反映某一因素对评判对象取值的影响，而赋予该因素各等级的权数，称为该因素等级权重集。因素各等级的隶属度反映了该因素等级对评判对象的影响，故把第 $i$ 个因素的第 $j$ 个等级对该因素的隶属度 $\mu_{ij}(i = 1,2,\cdots,m; j = 1,2,\cdots,n)$ 归一化后的值

$$w_{ij} = \frac{\mu_{ij}}{\sum\limits_{j=1}^{n} \mu_{ij}} \quad (i = 1,2,\cdots,m; j = 1,2,\cdots,n) \tag{2-7}$$

作为该因素的等级权重，第 $i$ 个因素的等级权重集为

$$\hat{w}_i = \{w_{i1}, w_{i2}, \cdots, w_{in}\} \quad (i = 1,2,\cdots,m) \tag{2-8}$$

按第 $i$ 个因素的各个等级模糊子集进行综合评判得一级模糊评判集为

$$\hat{A}_i = \hat{w}_i \hat{k}_i = (w_{i1}, w_{i2}, \cdots, w_{in}) \cdot \begin{bmatrix} \gamma_{i11} & \gamma_{i12} & \cdots & \gamma_{i1p} \\ \gamma_{i21} & \gamma_{i22} & \cdots & \gamma_{i2p} \\ \vdots & \vdots & & \vdots \\ \gamma_{in1} & \gamma_{in2} & \cdots & \gamma_{inp} \end{bmatrix}$$

$$= (a_{i1}, a_{i2}, \cdots, a_{in}) \tag{2-9}$$

以 $a_{ik}(i = 1, 2, \cdots, m; k = 1, 2, \cdots, p)$ 为元素即得一级模糊综合评判矩阵

$$\hat{A} = \begin{bmatrix} a_{11} & a_{12} & \cdots & a_{1p} \\ a_{21} & a_{22} & \cdots & a_{2p} \\ \vdots & \vdots & & \vdots \\ a_{m1} & a_{m2} & \cdots & a_{mp} \end{bmatrix} \tag{2-10}$$

### 2.7.5 二级模糊综合评判

一级模糊综合评判，反映了一个因素对评判对象的影响，因此，进行二级模糊综合评判时，一级模糊综合评判矩阵 $\hat{A}$ 为二级模糊综合评判的评判矩阵 $\hat{k}$，即 $\hat{k} = \hat{A}$。为反映各因素影响评判对象的重要程度而建立因素权重，专家根据基坑支护的稳定性、支护费用合计及其对周边环境的影响来综合决定权重。各因素权重组成因素权重集

$$\hat{w} = (w_1, w_2, \cdots, w_m) \tag{2-11}$$

各权数应满足归一性条件和非负条件，即

$$\sum_{i=1}^{m} w_i = 1 \qquad w_i \geq 0 \quad (i = 1,2,\cdots,m) \qquad (2\text{-}12)$$

按所有影响因素进行综合评判，便得二级模糊评判集

$$\hat{\boldsymbol{B}} = \hat{\boldsymbol{w}}\hat{\boldsymbol{k}} = (w_1,w_2,\cdots,w_n) \cdot \begin{bmatrix} a_{11} & a_{12} & \cdots & a_{1p} \\ a_{21} & a_{22} & \cdots & a_{2p} \\ \vdots & \vdots & & \vdots \\ a_{m1} & a_{m2} & \cdots & a_{mp} \end{bmatrix}$$

$$= (b_1,b_2,\cdots,b_p) \qquad (2\text{-}13)$$

以 $b_k(k = 1,2,\cdots,p)$ 综合考虑所有因素时，评判对象对备择集中第 $k$ 个方案的隶属度，即为评判对象的评判指标。

## 2.7.6　深基坑支护方案评价综合指标体系的确定

为了使深基坑支护方案满足最优，故选择方案最优为总目标，所在层为目标层 $A$；按安全可行、经济合理、环境保护、施工便捷等基本准则，选取安全性指标 $u_1$、工程造价指标 $u_2$、对环境影响指标 $u_3$、施工工期指标 $u_4$ 这四个指标因素，构成准则层 $B$；根据权重合理分配的需要，又将准则层的四个指标细分为各个子指标构成指标层 $C$。

### 2.7.6.1　安全性指标 $u_1$

确保工程安全可靠是进行支护方案优化选择的首要前提，不能保证其安全可靠性的方案是不能作为备选方案的，在方案初选时就应该加以剔除。然而，对于那些能满足安全性基本条件的方案，还需了解该方案对安全性的满足程度。和上部结构相同，深基坑工程设计应满足强度、变形和稳定性验算等基本原则，经过分析，确定影响安全性的因素。

强度 $u_{11}$ 包括支护结构和支撑体系的强度，只有满足强度要求，安全性才有可能得到满足。

变形 $u_{12}$ 包括支护结构和支撑的变形以及土体的变形等，过大的变形不仅损害支护结构安全性，严重时还可能引起周围地表沉降、建筑物裂缝、地下管线破坏等。主要有三种情况：基坑降水引起周围地面沉降；渗流或桩体倾斜引起墙后土体过大变形；基底土体隆起。三者既有联系，又有区别。

对于桩、墙式支护结构的基坑，需进行稳定性验算。稳定性验算一般包括基坑边坡整体稳定性 $u_{13}$、渗流管涌稳定性 $u_{14}$、隆起稳定性 $u_{15}$，对有支撑的支护结构，一般入土深度可以满足要求，可不考虑。

### 2.7.6.2 工程造价指标 $u_2$

任何工程设计最终目的都是在满足安全要求的基础上，追求最合理的造价，因此，造价就构成了进行基坑支护方案优选时另一个重要指标。

支护体系施工费用 $u_{21}$，在整个工程造价中占有很大份额，它包括支护结构及设置支撑（锚）的费用，主要表现为材料费。

土方开挖费 $u_{22}$，包括土方开挖及搬运费用，主要表现为人工费及机械台班费。

施工监测及检测费 $u_{23}$，施工监测及检测是很重要的项目，对施工的安全顺利进行和基坑理论研究有重要意义，然而其实施程度一直较差。以前的许多基坑工程都不做或少做监测，其费用目前投入相对较少。

环保费用及文明施工 $u_{24}$，包括为达到环境保护目的所采取的措施费、调查费用以及工地安全文明施工费用等。

### 2.7.6.3 对环境影响指标 $u_3$

施工对周围居民生活的影响 $u_{31}$，包括施工产生的噪声影响居民休息和工作；引起的尘土污染居民生活环境；运输车辆干扰交通路线等。

施工对周围建筑物和地下管线的影响 $u_{32}$，包括施工引起的周边建筑物的振动；降水可能引起的建筑物沉降、倾斜甚至开裂倒塌；土体过大变形可能引起的地下管线的挤压变形甚至破坏等影响。

施工产生的次生灾害影响 $u_{33}$，这是个长久的问题，一般容易忽略，如施工可能产生的水土流失，大面积区域性滑坡，降水可能引起的整个地区地表的下沉等。

#### 2.7.6.4　施工工期指标 $u_4$

按施工对象和步骤的不同，施工工期一般可划分为三部分：土方开挖、挡墙、支撑（锚杆）。但许多支护方法，如土钉墙和桩锚支护，其挖土和设置支撑或锚杆同步进行，进行专家评判时很难确定其挖土或设置锚杆的时间长短，给打分带来了不便。因此，可以只考虑施工总工期并将之作为评价支护方案的一项指标。

### 2.7.7　指标因素集权重的确定

采用层次分析法计算评价指标体系中的最低层 $C$（各指标因素）相对于最高层 $A$（即最优方案）的相对重要性总排序权重。

相对于上一层次某个元素，作出同层次各因素的相对重要性判断，建立同层次各因素的判断矩阵。

将同层因素之间对于上层某因素的重要性进行评价，构成判断矩阵。判断矩阵是层次分析法传递信息的基础，由各因素的相对重要性比较值构成。具体操作是将层次分析模型确定后，让有经验的专家对各因素的重要性两两比较评分。例如，将某一层次的 $n$ 个因素对于上一层的某个因素 $A_k$ 的重要性进行比较，设定两因素 $B_i$ 与 $B_j$ 进行比较，比较结果为 $b_{ij}$，则 $b_{ij}$ 的分值可采用1-9标度法[84]，其计算方法如表2-4所示。由决策者得出两两因素之间重要程度的比较值 $b_{ij}$，并构成判断矩阵 $A = [b]_{n \times n}$，其形式如表2-5所示。

**表 2-4 1-9 标度法**

| 分　值 | 含　义 |
|---|---|
| 1 | $i$ 因素与 $j$ 因素同样重要 |
| 3 | $i$ 因素比 $j$ 因素稍微重要 |
| 5 | $i$ 因素比 $j$ 因素明显重要 |
| 7 | $i$ 因素比 $j$ 因素强烈重要 |
| 9 | $i$ 因素比 $j$ 因素绝对重要 |
| 2, 4, 6, 8 | $i$ 与 $j$ 两因素比较结果处于以上结果的中间 |
| 倒　数 | 若因素 $i$ 与因素 $j$ 的重要性之比为 $a_{ij}$，那么因素 $j$ 与因素 $i$ 重要性之比为其倒数 |

**表 2-5 判断矩阵 $A$ 的形成**

| $A$ | $B_1$ | $B_2$ | $\cdots$ | $B_n$ |
|---|---|---|---|---|
| $B_1$ | $b_{11}$ | $b_{12}$ | $\cdots$ | $b_{1n}$ |
| $B_2$ | $b_{21}$ | $b_{22}$ | $\cdots$ | $b_{2n}$ |
| $\vdots$ | $\vdots$ | $\vdots$ | $\vdots$ | $\vdots$ |
| $B_n$ | $b_{n1}$ | $b_{n2}$ | $\cdots$ | $b_{nn}$ |

# 2.8　深基坑支护优选的简化处理

　　深基坑支护方案优选的关键是支护结构形式的选择。虽然在选取支护结构形式时考虑因素多，方法相对成熟，但其任务量大，过程繁琐，难以满足工程实践所需的操作简便易行的要求。为此，对深基坑支护优选的模糊综合评判方法进行简化处理。

## 2.8.1　优化指标和其权重值的确定

在模糊数学理论中，隶属度也可认为是权重，因此，权重的确定方法可按隶属度确定方法进行。首先认真对比四个优化指标，利用二元排序方法，找出其中最重要的一个指标，即安全性指标，并定义其非归一化权重值为1（即隶属度1）。然后以此为标准，分别与其他指标进行重要性对比。自然语言与文字中，形容词的本质特点是模糊性，它是人们运用自己的经验知识对事物进行二元比较的重要手段。为此可以给出关于模糊概念——重要性的10个形容词级差，即11个形容词级别：同样、稍稍、略为、较为、明显、显著、十分、非常、极端、无可比拟地重要，在比较中是逐步加强的。按比较结果的语气算子来确定另三个指标的权重。语气算子与模糊标度、隶属度对应关系见表2-6。

表2-6　语气算子与模糊标度、隶属度对应关系

| 语气算子 | 同样 | | 稍稍 | | 略为 | | 较为 | |
|---|---|---|---|---|---|---|---|---|
| 模糊标度 | 0.50 | 0.525 | 0.55 | 0.575 | 0.60 | 0.625 | 0.65 | 0.675 |
| 隶属度 | 1.0 | 0.905 | 0.818 | 0.769 | 0.667 | 0.60 | 0.538 | 0.481 |
| 语气算子 | 明显 | | 显著 | | 十分 | | 非常 | |
| 模糊标度 | 0.70 | 0.725 | 0.75 | 0.775 | 0.80 | 0.825 | 0.85 | 0.875 |
| 隶属度 | 0.429 | 0.379 | 0.333 | 0.29 | 0.25 | 0.212 | 0.176 | 0.143 |
| 语气算子 | 极其 | | 极端 | | 无可比拟 | | | |
| 模糊标度 | 0.90 | 0.925 | 0.95 | 0.975 | 1.0 | | | |
| 隶属度 | 0.111 | 0.081 | 0.053 | 0.026 | 0 | | | |

## 2.8.2　指标相对优属度矩阵 $\hat{k}$ 的确定

首先分析对具体的工程，根据现场的基坑岩土性质、地下水位、

基坑深度、周边环境特点等考虑安全性指标对支护结构选型的影响。对于安全性指标 $u_1$，与确定权重值的方法相同，相对于该指标做出 $n$ 个方案的对基坑支护结构形式影响的重要性排序。定义排序最先的方案的隶属度为 1，其他各方案与之对比，按重要性对比评语，根据语气算子与定量标度之间的相对隶属度，确定各个方案对安全性指标的相对优属度向量 $\gamma_1$，同理可依次确定 $\gamma_2$，$\gamma_3$ 和 $\gamma_4$，然后将之合成为相对优属度矩阵 $\hat{k}$，即

$$\hat{k} = \begin{bmatrix} \gamma_{11} & \gamma_{12} & \cdots & \gamma_{1p} \\ \gamma_{21} & \gamma_{22} & \cdots & \gamma_{2p} \\ \gamma_{31} & \gamma_{32} & \cdots & \gamma_{3p} \\ \gamma_{41} & \gamma_{42} & \cdots & \gamma_{4p} \end{bmatrix} = (\gamma_1, \gamma_2, \gamma_3, \gamma_4)^{\mathrm{T}}$$

(2-14)

$$= \gamma_{ij} \quad (i = 1,2,3,4; j = 1,2,\cdots,n)$$

### 2.8.3 深基坑支护方案优选方程的确定

对于深基坑支护结构，不管采用何种支护形式，相对于安全性、造价、环境影响、工期等指标而言，都具有相同的权重[85]，即 $\hat{w} = (w_1, w_2, w_3, w_4)$。因此，有

$$w_{ij} = w_i \quad (i = 1,2,3,4)$$

(2-15)

方案对优的相对隶属度为 $\mu_j$，方案对劣的相对优属度为 $\mu_j^c$。由于模糊集合理论中的隶属度也可定义为权重，方案 $j$ 以相对隶属度 $\mu_j$ 隶属于模糊概念——优，它的距优距离为 $d_{jg}$。为了完善地表达方案 $j$ 与优等方案的距离，引入加权距优距离 $D_{jg}$ 和加权距劣距离 $D_{jb}$

$$D_{jg} = \mu_j d_{jg} = \mu_j \sqrt[p]{\sum \left[ w_{ij}(g_i - \gamma_{ij}) \right]^p} \tag{2-16}$$

$$D_{jb} = \mu_j^c d_{jb} = (1 - \mu_j) \sqrt[p]{\sum \left[ w_{ij}(\gamma_{ij} - b_i) \right]^p} \tag{2-17}$$

建立目标函数 $\min F(\mu_j)$，方案 $j$ 的加权距优距离 $D_{jg}$ 与加权距劣距离 $D_{jb}$ 的平方和为最小[86]，即

$$\min F(\mu_j) = \min(D_{jg}^2 + D_{jb}^2) \tag{2-18}$$

令目标函数式的一阶倒数为零，令 $g_i = 1, b_i = 0, w_{ij} = w_i$，简化得优选方程

$$\mu_j = \cfrac{1}{1 + \left\{ \cfrac{\sum\limits_{i=1}^{4} \left[ w_j(1 - \gamma_{ij}) \right]^p}{\sum\limits_{i=1}^{4} (w_j \gamma_{ij})^p} \right\}^{\frac{2}{p}}} \tag{2-19}$$

其中，$p$ 为距离参数，$p = 1$ 为海明距离，$p = 2$ 为欧氏距离。方案为最优时，$\mu_j = 1$，即对优的相对隶属度为 1；方案为最劣时，$\mu_j = 0$，即对优的相对隶属度为 0；$\mu_j$ 越接近于 1，方案越优。

## 2.9　工　程　实　例

### 2.9.1　工程概况

东大国际中心基坑支护、降水工程，位于沈阳市和平区中山路与和平大街交汇处，东邻九经街，西邻和平大街，南邻中山路，北邻启玉巷。基坑支护周边长度约为 380m，地上主楼 45 层，地下室 4 层，基底埋深平均为 −23.0m。东大国际中心基坑支护平面图如图 2-2 所示。

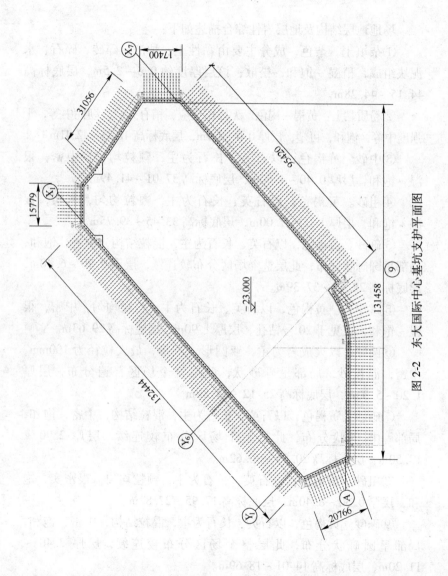

图 2-2 东大国际中心基坑支护平面图

## 2.9.2　地质条件

场地地层结构及地层岩性综合描述如下：

①杂填土。杂色，成分主要由黏性土、炉渣、碎砖、碎石、水泥块组成，稍湿~饱和，松散；该层厚度约0.6~2.5m，层底标高44.15~44.28m。

②粉质黏土：黄褐~褐色，无摇振反应，稍有光滑，韧性中等，干强度中等，饱和，可塑，层厚0.6~2.9m，层底标高41.23~42.41m。

③中砂。黄褐色，以石英、长石为主，颗粒均匀，中密，很湿~饱和，层厚0.40~4.60m，层底标高37.01~41.49m。

④粗砂。黄褐色，以石英、长石为主，颗粒均匀，密实，很湿~饱和，层厚1.00~7.00m，层底标高33.45~39.75m。

⑤砾砂。黄褐色，以石英、长石为主，混粒结构，中密，饱和，局部呈圆砾状分布，此层整个场区分布较连续，层厚0.70~6.40m，层底标高28.42~37.39m。

⑤-1中砂。黄褐色，以石英、长石为主，粒径均匀，中密，很湿~饱和，仅见于20号钻孔，层厚1.90m，层底标高29.63m。

⑥圆砾。以火成岩为主，亚圆形~圆形，最大粒径为100mm，中密，混粒砂，局部呈砾砂状，此层整个场区普遍分布，层厚1.20~5.80m，层底标高25.12~35.89m。

⑦砾砂。黄褐色，以石英、长石为主，混粒结构，中密，饱和，局部呈圆砾状分布，此层整个场区分布较连续，层厚2.90~13.50m，层底标高20.55~30.62m。

⑧粗砂。黄褐色，以石英、长石为主，颗粒均匀，很密实，饱和，层厚0.30~8.40m，层底标高17.95~27.82m。

⑨砾砂。黄褐色，以石英、长石为主，混粒结构，中密，饱和，局部呈圆砾状分布，此层整个场区分布较连续，层厚2.40~11.20m，层底标高14.01~18.69m。

⑩粗砂。黄褐色，以石英、长石为主，颗粒均匀，很密实，饱和，层厚1.40~4.70m，层底标高10.19~16.19m。

⑪砾砂。黄褐色，以石英、长石为主，混粒结构，密实，饱和，局部呈圆砾状分布，此层整个场区分布较连续，层厚 0.90 ~ 11.00m，层底标高 2.01 ~ 18.92m。

⑫砾砂。黄褐色，以石英、长石为主，混粒结构，中密，饱和，黏粒含量约 10% ~ 25%，局部有薄层粉质黏土或呈圆砾状分布，此层整个场区分布较连续，层厚 0.90 ~ 8.50m，层底标高 − 5.08 ~ 3.92m。

⑫-1 粉质黏土。黄褐色，卵石含量约占 35%，无摇振反应，稍有光滑，韧性中等，干强度中等，饱和，可塑，层厚 0.70 ~ 2.00m，层底标高 − 4.99 ~ 4.20m，仅见于 8 号、11 号、12 号钻孔。

⑫-2 中砂。黄褐色，以石英、长石为主，黏粒含量约 10%，粒径均匀，中密，饱和，仅见于 3 号、4 号、8 号、16 号、18 号、20 号钻孔，层厚 0.60 ~ 2.90m。

⑫-3 粉质黏土。黄褐色，卵石含量约占 10%，卵石已全风化，呈乳白色，无摇振反应，稍有光滑，韧性中等，干强度中等，饱和，可塑，层厚 0.50 ~ 2.00m，层底标高 − 4.80 ~ 1.03m，仅见于 10 号、11 号、15 号、18 号钻孔。

⑬强风化花岗片麻岩。灰色，粗粒片麻状结构，主要矿物为石英和斜长石。柱状岩芯提取较困难，岩芯碎片用手易于掰断，岩石风化强烈，节理裂隙发育，岩芯多呈碎片状，少部分呈碎块状。岩体破碎，岩体基本质量等级为 V 级，层厚 0.30 ~ 8.00m，层底标高 − 10.49 ~ − 1.27m。

⑭中风化板岩。灰色，粗粒片麻状结构，主要矿物为石英和斜长石。局部见石英岩脉。坚硬，回转钻进较困难，岩芯多呈柱状。岩体较完整，岩体基本质量等级为 Ⅱ 级。层顶标高 − 11.65 ~ − 5.92m。此层整个场区普遍分布，本次勘察未钻穿，最大揭露厚度为 8.5m。

### 2.9.3 深基坑支护方案初步选择

#### 2.9.3.1 基坑支护结构形式初选

将桩锚支护、地下连续墙及土钉墙支护作为该基坑支护的备选方案。

### 2.9.3.2　变形观测

鉴于该工程开挖较深，缺少经验，场地狭窄，周边有邻近高层和多层建筑物及主要道路和管线，为确保基坑支护结构及周围设施的安全，做好监测工作，实现信息化施工是十分必要的。

监测内容主要有：

（1）基坑水平位移观测。在压顶混凝土面上事先做好标记，以转角处作为不动点，观测中间部位支护桩的桩顶变形，这是一种比较直观的监测方法，不仅节约监测费用，数据也比较确实可靠。深部在锚杆索梁上做标记，对整体支护体系做位移观测。

（2）周围建筑物的沉降、变形观测。本工程由于采用在基坑内外结合降水，以减少支护桩的侧压力，降水会给周围建筑物带来影响，在基坑施工期间，对基坑北侧的多层建筑物及基坑东侧的高层建筑物进行沉降观测，有必要事先对原有建筑物作出控制点，经常观测来确定降水的可行性。观测点共布置 20 个（J1～J20）。

（3）地下水位监测。地下水位在选定的位置上钻孔，然后放入水位管后再填砂，使水位管滤头部分全部埋入砂中，再回填膨润土。水管滤头部分用滤网包裹，以防泥沙涌入堵塞滤头。水位管埋深30m，共5根（S1～S5）。

（4）地面土体沉降观测。在地表面预设沉降观测点，观察基坑开挖及降水过程中地面的沉降数值。

（5）锚杆试验。每道锚杆均应做基本试验和验收试验。

（6）拟建主体沉降观测。对拟建建筑物做沉降和差异沉降观测。

水平位移的观测用威尔特 T2 型经纬仪投影法测量和 SX-20 型伺服式测斜仪测量。垂直沉降的观测用威尔特 T2 型水准仪、双面尺做水准测量。

观测期从土方开挖起直到地下室建造完为止。浅层开挖时，每 3 天监测 1 次；深层开挖时，各监测项目每 2 天监测 1 次；若有险情每天监测 2 ~ 3 次，地下室施工期间各监测项目每 2 天监测 1 次。并保证实时提供变形结果。观测中的各项限差按国家标准《工程测量规范》（GB 500260—2007）中的有关要求执行。

### 2.9.3.3 降水工程施工方案

东大国际中心基坑降水特点是"深、特、长"，即基坑深达23.0m，基坑形状特殊且无同地区成功经验，基坑降水时间长。还有，该工程的环境特点是"小、杂、近"，即施工场地小，周围环境复杂，离周边建筑物较近，北侧多层住宅及东侧高层建筑物距基坑边界只有 10m 左右。因此，井点降水是本工程关键中的关键，在本工程的地质条件下，成功的井点降水能确保地下水位的降低，保证基坑开挖与地下室施工的顺利进行。考虑到上述因素，本次降水共分五级，且随时监测周边建筑物及公用设施的沉降变形，实施动态管理来指导降水工作，确保降水工作连续进行的同时不影响周边环境的稳定。

A 降水深度

由于拟建场地，室外地坪设计绝对标高为 44.75m，勘察期间给定的地下水位标高为室外地坪下 -7.0m 左右。基坑开挖平均深度为23.0m，因此，地下水位降深应大于 17.0m，即场地整体降水降至-24.0m 以下。停止降水时主体建筑自重应大于地下水浮力的 2 倍，且底板混凝土强度等级应达到设计强度的 70%。

B 井点布置

根据基坑实际占地面积和降水设计方案，共布置 30 眼降水井，间距 13m。延基坑边线外延 3.0m。场地含水层渗透系数采用取 $K = 120$m/d，设计井深为 45.0m，采用潜水完整井，井径 $\phi$800，过滤器直径为 $\phi$420，设计基坑中心水位下降值 $S = 17.0$m，按大井法计算基坑涌水量为 104251.852m³/d，已知单井涌水量为 3840.000m³/d，计算得出降水井数量 30 眼完全满足降深要求。

C 降水井结构

钻孔直径为 $\phi$800。过滤器直径为 $\phi$420，井管采用细筋骨架式，主筋为 8$\phi$22，定位筋为 $\phi$18@500。主筋间空隙以 $\phi$10 竹竿竖向排列绑扎。过滤器进水部分长度为 21m，外包 18～20 目尼龙网，实管长度为 12m，外包土工布，填规格 5～10mm，填至过滤器上端 2.0m 处，上部用黏土填至地表。降水井设计深度为 45.0m。

D    排水管线

排水管线布置在降水井外侧，采取集中排水方式，各降水井抽出的地下水经临时排水管线统一向市政排水管网排放，临时排水管线管材可采用钢管、钢丝胶管或水泥管，排水管线内径不小于 400mm，铺设坡度不小于 3/1000，每个降水井焊接短管与水泵排水管连接。

在排水管线末设沉沙池，其规格为 $3 \times 2 \times 2$（$m^3$），中间设两道隔档，降水井抽出的地下水经沉沙池后方可排入市政排水管网。

E    供电

降水井施工现场应设置 1200kW 市政电源以保证 30 眼降水井水泵的正常运转，每眼井水泵应设启动补偿器等辅助设施。

为保证降水井连续抽水，防止市政电源意外停电而影响施工，建议甲方在施工现场设置备用柴油发电机组，其总容量为水泵用电容量的 1.25 倍。

F    防止井点降水不利影响的措施

（1）井点降水时应减缓降水速度，均匀出水，勿使土粒带出，随时注意抽出的地下水是否有混浊现象。抽出的水中带走细颗粒不但会增加周围地面的沉降，而且会使井管堵塞井点失效，为此应选用优质的滤网与回填的滤料。

（2）井点应连续运转，尽量避免间歇和反复抽水，以减小在降水期间引起的地面沉降量。

（3）降水时应避免短时间大降深抽水，可通过事先计算控制抽水井数及单井出水量来调节。

（4）如周边建筑物的沉降量超出允许范围时，即北侧多层住宅楼沉降量超过 10cm，东侧高层及裙房沉降量超过 15cm，可采用降水场地外侧设置挡水帷幕或设置回灌水系统以及基础托换和注浆加固等办法来解决，方案选择根据现场具体情况确定。力求邻近建筑物及管线的沉降量达到最低程度。

### 2.9.3.4 深基坑支护方案的模糊综合评判优选

初选 3 种备选方案作为该基坑支护设计方案：

（1）桩锚支护。

（2）地下连续墙。

（3）土钉墙支护。

确定基坑支护因素集的权重，整理为

$$a_1' = (0.251, 0.114, 0.007, 0.041, 0.041)$$

$$a_2' = (0.158, 0.104, 0.032, 0.016)$$

$$a_3' = (0.023, 0.087, 0.01)$$

$$\boldsymbol{a} = (a_1, a_2, a_3, a_4) = (0.517, 0.31, 0.12, 0.053)$$

深基坑支护方案优选的模糊评判，按与基坑变形控制等级相同的方法。评语集为（优，良，中，差，劣），对应的等级矩阵（即评语量化分值）为 $\boldsymbol{C} = (5, 4, 3, 2, 1)$。专家组评判结果经整理为

$$\hat{k}_{11} = \begin{bmatrix} 0.8 & 0.2 & 0 & 0 & 0 \\ 0.6 & 0.4 & 0 & 0 & 0 \\ 0.4 & 0.6 & 0 & 0 & 0 \\ 0 & 1 & 0 & 0 & 0 \\ 0.4 & 0.6 & 0 & 0 & 0 \end{bmatrix}$$

$$\hat{k}_{12} = \begin{bmatrix} 0 & 0.8 & 0.2 & 0 & 0 \\ 0.2 & 0.6 & 0.2 & 0 & 0 \\ 0.2 & 0.6 & 0.2 & 0 & 0 \\ 0.2 & 0.6 & 0.2 & 0 & 0 \end{bmatrix}$$

$$\widehat{k}_{13} = \begin{bmatrix} 0 & 0 & 0.2 & 0.2 & 0 \\ 0 & 0.8 & 0.2 & 0 & 0 \\ 0 & 0.6 & 0.4 & 0 & 0 \end{bmatrix}$$

$$\widehat{k}_{14} = \begin{bmatrix} 0 & 0.8 & 0.2 & 0 & 0 \end{bmatrix}$$

$$\widehat{k}_{21} = \begin{bmatrix} 1 & 0 & 0 & 0 & 0 \\ 1 & 0 & 0 & 0 & 0 \\ 0.8 & 0.2 & 0 & 0 & 0 \\ 0.8 & 0.2 & 0 & 0 & 0 \\ 0.6 & 0.2 & 0.2 & 0 & 0 \end{bmatrix}$$

$$\widehat{k}_{22} = \begin{bmatrix} 0 & 0 & 0 & 0.4 & 0.6 \\ 0.2 & 0.2 & 0.4 & 0 & 0.2 \\ 0.2 & 0.2 & 0.6 & 0 & 0 \\ 0.2 & 0 & 0.8 & 0 & 0 \end{bmatrix}$$

$$\widehat{k}_{23} = \begin{bmatrix} 0 & 0.4 & 0.4 & 0.2 & 0 \\ 0.4 & 0.6 & 0 & 0 & 0 \\ 0.4 & 0.4 & 0.2 & 0 & 0 \end{bmatrix}$$

$$\widehat{k}_{24} = \begin{bmatrix} 0.4 & 0.4 & 0.2 & 0 & 0 \end{bmatrix}$$

$$\hat{k}_{31} = \begin{bmatrix} 0.2 & 0.2 & 0.6 & 0 & 0 \\ 0 & 0.2 & 0.8 & 0 & 0 \\ 0.2 & 0.2 & 0.6 & 0 & 0 \\ 0 & 0.2 & 0.8 & 0 & 0 \\ 0.2 & 0.4 & 0.4 & 0 & 0 \end{bmatrix}$$

$$\hat{k}_{32} = \begin{bmatrix} 0.6 & 0.2 & 0.2 & 0 & 0 \\ 0 & 0.2 & 0.8 & 0 & 0 \\ 0.2 & 0.4 & 0.4 & 0 & 0 \\ 0.2 & 0.6 & 0.2 & 0 & 0 \end{bmatrix}$$

$$\hat{k}_{33} = \begin{bmatrix} 0.4 & 0.2 & 0.4 & 0 & 0 \\ 0 & 0.2 & 0.6 & 0.2 & 0 \\ 0 & 0.6 & 0.4 & 0 & 0 \end{bmatrix}$$

$$\hat{k}_{34} = \begin{bmatrix} 0 & 0.2 & 0.8 & 0 & 0 \end{bmatrix}$$

由于 $k_{ij} = a'_j \hat{k}_{ij}$,则

$$k_{11} = a'_1 \hat{k}_{11} = (0.3136, 0.2034, 0.0082, 0.0082, 0)$$

$$k_{12} = a'_2 \hat{k}_{12} = (0.0304, 0.2176, 0.0620, 0, 0)$$

$$k_{13} = a'_3 \hat{k}_{13} = (0, 0.0894, 0.0260, 0.0046, 0)$$

$$k_{14} = a'_4 \hat{k}_{14} = (0, 0.8000, 0.2000, 0, 0)$$

则

$$\hat{k}_1 = \begin{bmatrix} k_{11} \\ k_{12} \\ k_{13} \\ k_{14} \end{bmatrix} = \begin{bmatrix} 0.3136 & 0.2034 & 0.0082 & 0.0082 & 0 \\ 0.0304 & 0.2176 & 0.0620 & 0 & 0 \\ 0 & 0.0894 & 0.0260 & 0.0046 & 0 \\ 0 & 0.8000 & 0.2000 & 0 & 0 \end{bmatrix}$$

则  $b_1 = a\hat{k}_1 = (0.1716, 0.2257, 0.0372, 0.0048, 0)$

$$C = (5, 4, 3, 2, 1)$$

$$W_1 = b_1 C^T = 1.8820$$

同理

$$\hat{k}_2 = \begin{bmatrix} k_{21} \\ k_{22} \\ k_{23} \\ k_{24} \end{bmatrix} = \begin{bmatrix} 0.4784 & 0.0304 & 0.0082 & 0 & 0 \\ 0.0304 & 0.0272 & 0.0736 & 0.0632 & 0.1156 \\ 0.0388 & 0.0654 & 0.0112 & 0.0046 & 0 \\ 0.4000 & 0.6000 & 0 & 0 & 0 \end{bmatrix}$$

则  $b_2 = a\hat{k}_2 = (0.256, 0.0638, 0.0284, 0.0201, 0.0358)$

$$W_2 = b_2 C^T = 1.6794$$

$$\hat{k}_3 = \begin{bmatrix} k_{31} \\ k_{32} \\ k_{33} \\ k_{34} \end{bmatrix} = \begin{bmatrix} 0.0724 & 0.1116 & 0.3330 & 0 & 0 \\ 0.1044 & 0.0748 & 0.1308 & 0 & 0 \\ 0.0092 & 0.0280 & 0.0654 & 0.0176 & 0 \\ 0 & 0.2000 & 0.8000 & 0 & 0 \end{bmatrix}$$

则　　$b_3 = a\hat{k}_3 = (0.0709, 0.0948, 0.2630, 0.0201, 0)$

　　　　$W_3 = b_3 C^T = 1.5269$

由于 $W_1 > W_2 > W_3$，显然，三个基坑支护方案的优劣顺序为桩锚支护 > 地下连续墙 > 土钉墙支护。

分析三种支护方案可知：桩锚支护施工简便，技术成熟，费用中等，变形及稳定性中等，对周围环境影响较小，施工工期较短；地下连续墙施工工艺复杂，在沈阳当地无成熟经验，费用较高，变形及稳定性较好，环保费用较高，施工工期中等；土钉墙支护，施工工艺成熟，费用较低，变形及稳定性较差，由于基坑较深采用此方案危险性较大，受周边环境影响较大，施工工期较长。因此，桩锚支护方案为相对最优方案。

深基坑方案的优选是岩土工程设计中的一项重要工作，由于深基坑支护方案受多种因素影响，所以，其优选具有模糊性。同时，本书建立的深基坑支护方案综合评价模糊优化理论数学推导严谨、概念清晰、评价值分辨率高、结果可靠，避免了其他方法评价值趋于均化使分辨率不高的缺点。除此之外，在沈阳置力商城、沈阳东森商务广场、中国医科大学第一附属医院门诊楼、大商集团铁西新玛特购物休闲广场的项目上多次使用该方法对基坑支护方案进行优化，都取得了相当好的效果，真正达到了安全可行、经济合理、环境保护、施工便捷的目的。

## 2.10 小　　结

在依据基坑安全等级和变形控制等级初步选择方案基础上，利用模糊综合评判法进行方案的进一步优选，按安全可行、经济合理、环境保护、施工便捷等基本准则进行一级模糊评判。根据深基坑支护体系设计应满足强度、变形和稳定性验算等基本原则，经过分析，确定影响安全性的因素，进行二级模糊评判；根据深基坑支护体系施工费用、土方开挖费用、施工监测及检测费用、环保费用等基本原则确定影响经济性的因素，进行二级模糊评判；根据施工对周围居民生活的影响、施工对周围建筑物和地下管线的影响、施工产生的次生灾害影响等基本原则确定影响环境保护的因素，进行二级模糊评判。对东大国际中心基坑支护工程进行模糊评判，工程的施工方案是根据模糊综合评判方法确定的桩锚支护，达到了安全可行、经济合理、环境保护、施工便捷的目的。可见模糊综合评判优选是一个较科学的方法，用于具有极大模糊性的深基坑支护工程中是合理、有效的。

# 3 深基坑排桩支护结构的参数优化

## 3.1 概　　述

近年来，随着我国高层建筑和城市地下空间利用的发展，促进了深基坑支护工程设计和施工技术的发展。各地根据各自的地区特点，因地制宜，开发了许多不同的基坑支护方式，达到了预期的支护效果。由于大中城市用地紧张，深基坑工程数量多、规模大，有些深基坑的开挖深度超过了 20m，深基坑支护技术得到快速发展，支护形式也是多种多样。其中，排桩支护结构以其施工工艺成熟、支护结构安全可靠、工程造价合理、施工工期短等特点在工程中得到广泛应用，并且大量的科研工作者和工程技术人员对排桩支护结构的性能和设计计算理论有较全面的研究，基于此，产生了多种排桩支护结构设计计算方法，如等值梁法、连续梁法、弹性地基有限元法等等。但是，这些传统的设计计算方法自身存在一定的缺点，并且难以得到最优的设计参数并保证支护结构的可靠性。因此，为获得既安全可靠又经济合理的设计方案一些学者对此进行了研究，如：袁勇等[87]对钢筋混凝土单排灌注桩支护结构进行优化设计，并采用惩罚函数法求解；樊有维等[88]以"m"法建立排桩支护结构的优化模型，并采用复合形法求解；赵文永等[89]采用弹性抗力法计算排桩支护结构的内力和变形，建立相应的优化模型，利用序列无约束技术求解优化问题；吴铭炳[90]对排桩支护钢筋应力、变形、土压力进行了大量测试，提出了一些计算参数和取值方法，并与常用的理论计算结果进行对比，提出了软土地基不同理论计算的适用性，提高排桩支护设计计算的准确性，以达到安全支护、节省造价、缩短工期的目的；武亚军、卢文阁等[91]使用弹性支点法，从综合考虑稳定、强度、变形的角度讨论了单支撑、双支撑排桩支护结构支护位置的优化问题。这一系列的研究，取得了一定的成果，但研究还很有限，而且这些优化设计均是基于局部寻优算法的基础上进行的，局部寻优算法对于非线性优化问题难以求得全局最优解，而排桩支护结构优化设计模型常常是高度非线性的，采用局部寻优算法对其求解，难免陷于局部最优解。

## 3.2 受力与变形计算

### 3.2.1 土压力计算

单支点排桩支护结构由支护排桩和内撑（或锚杆）组成。在利用有限单元法进行设计时，通常有两种方法：杆系有限单元法和连续介质有限单元法。杆系有限单元法亦称弹性地基梁有限单元法，它假定排桩由一根根孤立的梁组成，梁与梁之间没有联系，每根梁在坑底以上为梁单元，在坑底以下为弹性地基梁单元；内撑（或锚杆）视为弹簧单元，图 3-1 所示为土压力计算分析模型[92]。

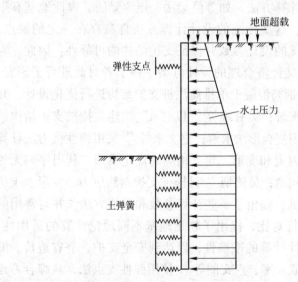

图 3-1　土压力计算分析模型

在被动土压力一侧，将土压力作用等效为有限元土弹簧的作用，每根弹簧作用在相邻梁单元间的结点上，其刚度由土的横向地基反力系数 $K_h$ 和所取梁单元的尺寸来确定。地基上的横向反力系数采用"$m$"法取值，即随着深度的增长，横向反力系数呈线性增长。当将这一理论用于深基坑支护时，如图 3-2 所示，反力系数只在坑底下 5m 内呈线性增长，大于 5m 后变化不明显，因而，大于 5m 后则取常数。

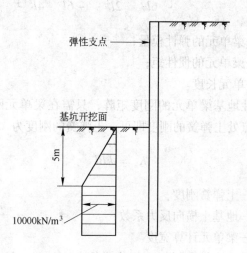

图 3-2　横向地基反力系数取值

将排桩按不大于 0.5m 分成若干个梁单元及弹性地基梁单元，支点、土压力突变处，基坑底部都选作结点，单元长度可以不同。由于不计轴向变形，所以每个离散单元只有四个位移，如图 3-3 所示。相邻单元的位移在结点处是协调的，即连续的。有限元方程中的未知量即取结点位移。

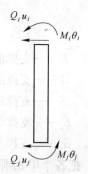

### 3.2.2　刚度矩阵的形成

单元所受荷载与单元结点位移之间的关系通过单元刚度矩阵 $K^e$ 来确定，单元刚度矩阵

图 3-3　计算单元

是 2 结点 4 自由度梁单元的单元刚度矩阵

$$K^e = \frac{EI}{l^3} \begin{bmatrix} 12 & 6l & -12 & 6l \\ 6l & 4l^2 & -6l & 2l^2 \\ -12 & -6l & 12 & -6l \\ 6l & 2l^2 & -6l & 4l^2 \end{bmatrix} \tag{3-1}$$

式中　$E$——梁单元的弹性模量；

　　　$I$——梁单元的惯性矩；

　　　$l$——单元长度。

对于弹性地基梁单元的刚度矩阵，只需在梁单元刚度矩阵的主元上加上结点处土弹簧的刚度即可，土弹簧的刚度为

$$K_h = kBl \tag{3-2}$$

式中　$K_h$——土弹簧刚度；

　　　$k$——地基土横向反力系数；

　　　$B$——梁单元计算宽度。

支撑构件（内撑和锚杆）视为弹簧支座加于支护桩上，其弹簧刚度为

$$K_{ss} = \frac{AE\cos\alpha}{SL_a} \tag{3-3}$$

式中　$E$——支撑的弹性模量；

　　　$A$——支撑的横截面面积；

　　　$S$——支撑的水平间距；

　　　$L_a$——支撑的计算长度；

　　　$\alpha$——支撑与支护结构间的水平夹角。

把各个单元刚度矩阵 $K^e$ 集成整体刚度矩阵 $K$ 后，对于代表地基弹性系数的弹簧不作为单元，可以将地基弹性系数 $K_h$ 值叠加到总刚

度矩阵相应位置中去。此时必须要注意的是，根据取用的 $K_h$ 数值还必须乘以相邻两弹簧距离的平均值，如图3-4所示。以 $K_h'$ 代表 $K_h$ 叠加入相应的总刚度矩阵中。

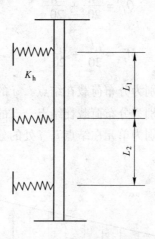

图 3-4　地基弹性系数折算

### 3.2.3　荷载列阵

梁单元的单元结点荷载又称为广义结点力，有力矩和剪力两种。广义结点力有两部分：直接作用在结点上的力与等效在结点上的力（即等效结点力）。作用在结点上的力矩和剪力可以直接加在整体荷载列阵中，而作用在单元上的非结点力则需要等效到结点上以后才能加到整体荷载列阵中，所谓等效是指原力与等效后的力在结点位移上所做的功相等。需等效的力有作用在单元上的非结点分布力、集中力、力矩。

作用在排桩梁单元上的力有主动土压力和支点力，支点力因是加在结点上，可直接加到矩阵中，而主动土压力是分布力，需要进行等效计算，等效计算如图3-5所示，力矩取顺时针为正，剪力取与图中 $x$ 的方向一致为正。

$$Q_i^e = \frac{3q_j l}{20} + \frac{7q_i l}{20} \qquad (3-4)$$

$$M_i^e = \frac{-q_i l^2}{20} - \frac{-q_j l^2}{30} \qquad (3\text{-}5)$$

$$Q_j^e = \frac{3q_i l}{20} + \frac{7q_j l}{20} \qquad (3\text{-}6)$$

$$M_j^e = \frac{q_i l^2}{30} + \frac{q_j l^2}{20} \qquad (3\text{-}7)$$

式中　$Q_i^e$，$Q_j^e$——分别为分布荷载在结点 $i$，$j$ 的等效结点力；

　　　$M_i^e$，$M_j^e$——分别为分布荷载在结点 $i$，$j$ 的等效结点力矩；

　　　$q_i$，$q_j$——分别为单元在结点 $i$，$j$ 处的分布荷载值。

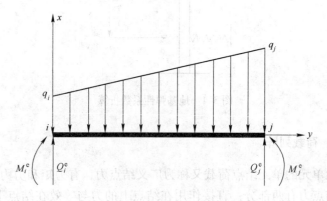

图 3-5　梁单元等效结点力计算简图

单元等效结点荷载列阵为 $\boldsymbol{F}^e$，它可以表示为

$$\boldsymbol{F}^e = \begin{bmatrix} Q_i^e & M_i^e & Q_j^e & M_j^e \end{bmatrix}^T \qquad (3\text{-}8)$$

作用于单元上的非结点力经等效计算后转换成结点力，然后与作用于结点上的结点力经叠加形成结构结点荷载列阵。

### 3.2.4　边界条件

在引入边界条件之前，系数矩阵是奇异矩阵，未知数的个数多于系数矩阵的秩，这时方程有无穷多组解，引入边界条件就是要消除方程的奇异性，从物理意义上讲，就是引入限制梁或杆平动和转动的约束条件，使其有唯一解。

引入边界条件的方法通常有两种：对角元素置 1 法和对角元素乘大法。对角元素置 1 法适合于零位移的场合，具体方法是如果某位移为零，则与此位移相对应的总刚度矩阵中主元素改成 1，主元所在的行、列各元素以及对应的荷载列阵中的元素均赋零值。对角元素乘大法适合给定非零位移的场合，其方法是给予位移相对应的总刚度矩阵中的主元以及荷载列阵中的元素分别乘以一个特大数（$10^{10}$ 以上），其他元素的值均不变。因在基坑设计中位移设计事先给定，所以此法不适用。

运用有限元法对单支点排桩支护结构分析计算时，方程一般不会超过一百个，所以数据存储量不大，为方便计算可不用带式存储，并采用高斯消去法求解。

### 3.2.5 单元内力

解出方程后，便得到了每个结点处的位移：一个横向位移和一个转角位移。有了结点位移，通过物理方程可以得到每个结点的内力值，与单元固端力叠加，即得到单元两端的剪力和弯矩。单元端部的剪力和弯矩为

$$
\begin{bmatrix} QZ_i \\ MZ_i \\ QZ_j \\ MZ_j \end{bmatrix} = \frac{EI}{l^3} \begin{bmatrix} 12 & 6l & -12 & 6l \\ 6l & 4l^2 & -6l & 2l^2 \\ -12 & -6l & 12 & -6l \\ 6l & 2l^2 & -6l & 4l^2 \end{bmatrix} \begin{bmatrix} u_i \\ \theta_i \\ u_j \\ \theta_j \end{bmatrix} + \begin{bmatrix} Q_i \\ M_i \\ Q_j \\ M_j \end{bmatrix} \tag{3-9}
$$

式中　　$QZ_i$，$QZ_j$——分别为结点 $i$，$j$ 处的杆端剪力值；

　　　　$MZ_i$，$MZ_j$——分别为结点 $i$，$j$ 处的杆端弯矩值；

　　　　$u_i$，$u_j$——分别为结点 $i$，$j$ 处的侧向位移值；

$\theta_i$，$\theta_j$——分别为结点 $i$，$j$ 处的转角位移值；

$Q_i$，$Q_j$——分别为结点 $i$，$j$ 处的固端力值；

$M_i$，$M_j$——分别为结点 $i$，$j$ 处的固端弯矩值。

### 3.2.6　全过程内力及变形分析

当挖土至支撑底标高，计算模型如图 3-6a 所示，计算此时支护

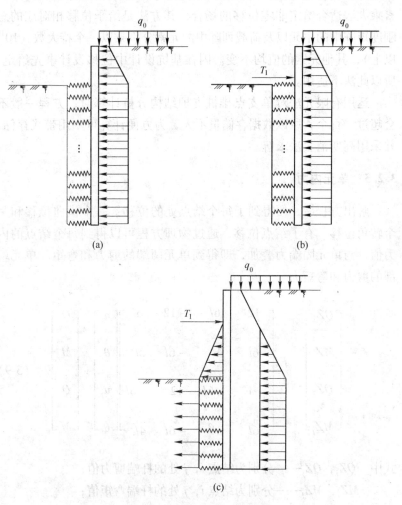

图 3-6　全过程分析计算模型

排桩的主动土压力 $p_1$、内力 $M_1$ 及变形 $\delta_1$。支撑施工并预加支撑力，计算模型如图 3-6b 所示，此时土压力增量为 0，只需计算在预加轴力 $T_1$ 作用下围护桩产生的内力增量 $\Delta M_1$ 及变形增量 $\Delta\delta_1$。则

$$M_2 = M_1 + \Delta M_1 \tag{3-10}$$

$$\delta_2 = \delta_1 + \Delta\delta_1 \tag{3-11}$$

当挖土至坑底标高，计算模型如图 3-6c 所示，计算此时的主动土压力，并与上一工况的主动土压力相减得土压力增量 $\Delta p_1$，计算在 $\Delta p_1$ 作用下围护桩的内力及变形增量 $\Delta M_{21}$，$\Delta\delta_{21}$；并计算围护桩在上工况土压力作用下，由于计算模型改变而产生的内力及变形增量 $\Delta M_{22}$，$\Delta\delta_{22}$，这样就得到该工况围护桩内力及变形值

$$M_3 = M_2 + \Delta M_2 \tag{3-12}$$

$$\delta_3 = \delta_2 + \Delta\delta_2 \tag{3-13}$$

其中

$$\Delta M_2 = \Delta M_{21} + \Delta M_{22} \tag{3-14}$$

$$\Delta\delta_2 = \Delta\delta_{21} + \Delta\delta_{22} \tag{3-15}$$

由于第一道支撑与基坑底间的土堆被挖去，这段范围加于支护桩上的土体的弹簧相应被取消，将上一工况由被取消的土体弹簧所模拟的被动区土体抗力以及由于本工况坑底土体水平基床系数减小而释放的部分被动区土体抗力反作用于支护桩上，根据新的计算模型进行计算，这样求得的支护桩内力及变形增量即为 $\Delta M_{22}$，$\Delta\delta_{22}$。

## 3.3 稳定性计算

### 3.3.1 基坑底部承载力稳定性验算

如图 3-7 所示，假定以板桩底平面作为求极限承载力的基准面。

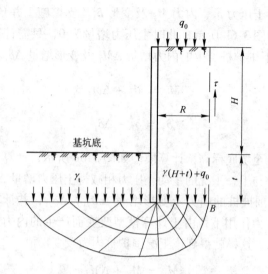

图 3-7　基坑底部稳定性验算示意图

承载力安全系数验算公式为

$$K = \frac{\gamma^\tau N_q + S_{cu} N_c}{\gamma(H + t) + q_0} \geqslant 1.2 \qquad (3\text{-}16)$$

式中　$S_{cu}$——土体不排水抗剪强度；

　　$N_q$，$N_c$——地基承载力系数。

### 3.3.2　整体稳定性验算

整体稳定性验算用毕肖普法（见图 3-8），其安全系数公式为

$$K_s = \frac{\sum \left[ c_i b_i + (W_i - u_i b_i) \tan\varphi_i \right]/m_i}{\sum W_i \sin\alpha_i - \sum Q_i e_i/R} \qquad (3\text{-}17)$$

式中　$m_i = \cos\alpha_i + \dfrac{\tan\varphi_i \sin\alpha_i}{K_s}$；

　　$W_i$——土条质量；

$u_i$——土条的空隙水压力;

$\alpha_i$——土条底面与水平线的夹角;

$Q_i$——水平地震力荷载;

$e_i$——地震力荷载距滑弧圆心垂距;

$b_i$——土条宽度。

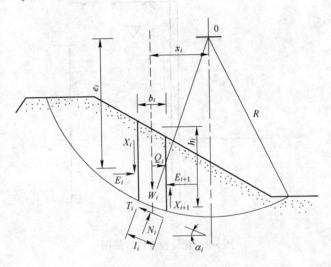

图 3-8　毕肖普土坡稳定示意图

### 3.3.3　抗管涌验算

当基坑位于砂土地基时,即 $I_p \leqslant 10$ 的土层内时,应进行抗管涌验算。试验证明,管涌首先发生在离坑壁大约等于板桩入土深度一半的范围内。为简化计算,如图 3-9 所示,近似地按临近板桩的最短路线计算。

不发生管涌的条件为

$$t \geqslant \frac{Kh'\gamma_w - \gamma'h'}{2\gamma'} \tag{3-18}$$

式中　$t$——板桩入土深度;

$K$ ——抗管涌安全系数；

$\gamma_w$ ——水的重度；

$\gamma'$ ——土的浮重度；

$h'$ ——地下水位至坑底距离。

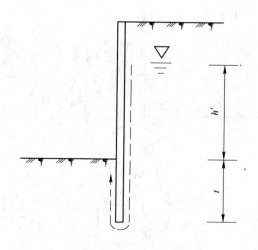

图 3-9　管涌验算计算简图

### 3.3.4　踢脚稳定性验算

当基底以下土层软弱或板桩入土深度较浅，在土压力作用下，入土部分板桩可能向外位移，发生绕桩顶的转动，这种失稳方式称为踢脚。原因是踢脚稳定性储备不足，所以

$$K_a = \frac{E_p b + Tc}{E_a a_2 - R a_1} \geqslant 1.2 \qquad (3\text{-}19)$$

式中　$E_p$ ——被动土压力合力；

　　　$E_a$ ——主动土压力合力；

　　　$R$ ——支撑反力。

踢脚稳定性验算如图 3-10 所示。

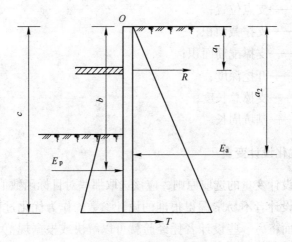

图 3-10 踢脚稳定性验算

# 3.4 优化设计模型的建立

## 3.4.1 目标函数

取单位长度排桩支护材料造价为目标函数，对于以钢筋混凝土作为材料的支护结构，其工程造价主要为钢筋和混凝土两种材料的消耗，$1 \text{m}^3$ 的水泥砂浆价格为 1，排桩钢筋与水泥砂浆价格比为 $a$，则目标函数为

$$\min \text{Cost} = (A_z - a_z)(H_0 + h_c)/L_j + (A_b - a_b)L/S + \tag{3-20}$$

$$[(H_0 + h_c)a_z/L_j + a_b L/S]w$$

式中　$h_c$——插入深度；

　　　$A_z$——桩截面面积；

　　　$L_j$——桩中心距；

　　　$a_z$——桩配筋面积；

$w$ ——支点位置；

$A_b$ ——支撑截面积；

$a_b$ ——支撑配筋面积；

$H_0$ ——开挖深度；

$L$ ——支撑总长度；

$S$ ——基坑周长。

### 3.4.2  优化设计变量

优化设计变量的选取原则，应该选取那些对目标函数值影响大，而且一般设计者不易掌握得很准的设计参数，作为优化过程中的设计变量，而将另一些设计者凭经验就可以解决或根据规范、地质条件和其他要求就能确定的参数作为参量，预先固定下来。其基本思想是突出主要矛盾，简化优化过程。优化设计变量有：插入深度 $h_c$；桩截面面积 $A_z$；桩中心距 $L_j$；桩配筋面积 $a_z$；支点位置 $w$；支撑截面积 $A_b$；支撑配筋面积 $a_b$。

$$h_c = [h_{c,1}, h_{c,2}, \cdots, h_{c,n-1}, h_{c,n}] \tag{3-21}$$

$$A_z = [A_{z,1}, A_{z,2}, \cdots, A_{z,p-1}, A_{z,p}] \tag{3-22}$$

$$L_j = [L_{j,1}, L_{j,2}, \cdots, L_{j,m-1}, L_{j,m}] \tag{3-23}$$

$$a_z = [a_{z,1}, a_{z,2}, \cdots, a_{z,s-1}, a_{z,s}] \tag{3-24}$$

$$w = [w_1, w_2, \cdots, w_{q-1}, w_q] \tag{3-25}$$

$$A_b = [A_{b,1}, A_{b,2}, \cdots, A_{b,r-1}, A_{b,r}] \tag{3-26}$$

$$a_b = [a_{b,1}, a_{b,2}, \cdots, a_{b,t-1}, a_{b,t}] \tag{3-27}$$

式中  $n$ ——插入深度可取值个数；

$p$ ——桩截面面积可取值个数；

$s$ ——桩配筋面积可取值个数；

$m$——桩中心距可取值个数；

$q$——支点位置可取值个数；

$r$——支撑截面积可取值个数；

$t$——支撑配筋面积可取值个数。

### 3.4.3 约束条件

约束条件包括：

$$g[i] = [\sigma_i] - \sigma_i \geq 0 \quad (i = 1, 2, \cdots, N) \tag{3-28}$$

式中 $[\sigma_i], \sigma_i$——排桩或支撑 $i$ 的许用应力和在各种工况下最不利的应力。

式(3-28)为排桩或支撑强度约束条件。

$$g(i) = [\delta] - \delta \geq 0 \quad (i = N + 1) \tag{3-29}$$

式中 $[\delta]$——桩身位移容许值。

式(3-29)为变形约束条件。

$$g(i) = K_1 - [K_1] \geq 0 \quad (i = N + 2) \tag{3-30}$$

式中 $[K_1]$——抗隆起稳定性系数容许值。

式(3-30)为抗隆起稳定性约束条件。

$$g(i) = K_t - [K_t] \geq 0 \quad (i = N + 3) \tag{3-31}$$

式中 $[K_t]$——抗踢脚稳定性系数容许值。

式(3-31)为抗踢脚稳定性约束条件。

## 3.5 优化设计算法

### 3.5.1 离散变量优化设计的应用概况

在实际工程结构设计中，经常遇到某些或全部设计变量只能取限定离散值的情况[93]。采用一般的优化设计方法，结果必须经过数据处理，才能够符合工程设计规范和各项技术标准的要求，但这种经过连续变量优化方法调整后得到的离散结果，常常需要重新检验其可行性和可靠性[94]。在这种情况下，有可能得不到可行的离散解，也有可能所得的解不是离散最优解。因此，建立适用于离散变量结构优化设计计算方法是很有工程实用价值的[95]。

随着有限元技术与计算机技术的飞速发展，离散变量优化设计研究越来越引起更多学者的关注，下列问题成为人们关注的焦点[96]。

（1）可靠有效的优化算法研究。所谓可靠性（reliability），或称全局收敛性（global convergence）、鲁棒性（robustness）或稳定性（stability），就是无论初始点在哪里，均应收敛到某一全局最优点。优化方法的研究是至关重要的一环，一个优化方法的好坏不仅影响到优化结果的质量而且还影响到求解的速度。一个方法的好坏从大型、复杂工程结构应用的观点看，应按下列几个方面衡量。

1）通用性（generality）。通用性是指算法在处理等式和不等式约束上具有广泛的适用性，并且对目标函数、约束函数的形式没有限制。

2）有效性（efficiency）。算法应在较少的迭代次数内收敛，并且在每次迭代时应有较少的计算量。

3）准确性（accuracy）。准确性是指算法收敛到精确的数学意义上最优点的能力。在实际应用中，对准确性不一定要求很高，但准确性良好的算法往往数学背景严密，有更好的可靠性。

4）易使用性（ease of use）。软件要面向有经验和无经验两类设计人员，尤其是要使那些对于结构优化理论不熟悉的人员也能较快地掌握，这就要求算法不能有太多的人工调整的参数。

上述几项要求之间有的是相互抵触，有的是相互联系的。易于使用、精确度高的算法通常可靠性也高，效率高的方法往往损失一定的可靠性，反之亦然。可靠性、计算效率和通用性是优化方法实际应用最重要的要求。

（2）并行算法（parallel algorithms）。优化设计的巨大计算量，要求更快的计算机处理速度，并行处理是提高计算机处理速度的重要技术，这就要求研究结构优化的并行算法。并行优化算法已有所研究，但还不多。

（3）高层次优化问题。目前，拓扑、布局等离散变量优化问题还没有一套行之有效的方法，但这些都是当今该领域中研究的热点问题。这些问题都要求数学规划的全局寻优方法，然而目前仍无满足工程要求的有效的全局寻优技术。对于这些要求，一要利用计算机处理能力的提高，二要采用模糊数学等方法，变追求精确解为追求满意的弱解方式。

## 3.5.2 离散变量优化设计方法的新发展

优化设计的理论和方法近 30 年来得到迅速的发展，但大多数的研究都是针对连续变量的，离散变量优化设计的专著仍然比较少。由于离散变量优化设计方法的限制，关于离散变量优化方面的国内外文献就更少了。探索一种能对离散变量优化模型进行直接求解的方法就成了当前工程优化设计发展的重要方向。因此，离散变量优化设计是结构设计发展的新方向、新领域，具有重要的工程意义和广阔的发展前景[97]。

优化设计是一项很有效的设计技术。它是根据既定的结构类型、形式、工况、材料和规范所规定的各种约束条件，提出优化模型（目标函数、约束条件和设计变量）。其模式是根据优化设计的理论和方法求解优化模型，即进行结构分析、优化设计、再分析、再优化、反复进行，直到收敛为止。只有这种设计才能使材料的分布达到合理的状态，从而使设计达到经济与安全的要求。按设计变量的性质分，有连续变量优化设计和离散变量优化设计；按难易程度分，有截面优化、形状优化、拓扑优化、布局优化和类型优化[97]。就目前文献资料中所见到的有关约束非线性离散变量的结构优化方法，归纳起来有三大类：精确算法、近似算法、启发式算法。

### 3.5.2.1　精确算法

精确算法中的枚举法[98]、隐枚举法[99]、割平面法[100]、分支定界法[101]、动态规划法[102]等的共同优点是对约束函数为设计变量的显函数问题（如静定问题）可以求出全局最优解。共同的缺点是只能解小规模，最多解中等规模的问题。枚举法效率最低，其次是割平面法、动态规划法，而且设计变量数只能在20~30之间[103]。

### 3.5.2.2　近似算法

近似算法的优点是能够估计可行解与全局最优解的最大误差和减少计算时间，可解较大规模的问题。如果最大误差在工程的允许范围内，则不失为一种实用的好方法，这种算法的缺点是当误差较大时，没有有效的改进方法。虽然误差较大，但如果有改进解的方法以减小误差时，那么这种方法就显示出其优越性了[104,105]。

### 3.5.2.3　启发式算法

启发式算法主要有连续优化解的圆整法、模拟退火算法[106]、对偶规划法[107]、罚函数法[108]、离散复形法[109]、GA[110]等。连续优化解的圆整法的优点是可以利用比较成熟的连续变量优化方法；缺点是其解不是离散变量的最优解，有时相差很远。模拟退火算法是模拟固体退火过程，利用Metroplis准则的一种寻优方法。该法简便实用、易于编程、结果可靠，虽不能保证得到全局最优解，但总能提供较好的解。但总体来说该算法计算效率不高，且控制参数确定困难。对偶规划法的优点是利用成熟的连续优化方法，避免直接解原离散变量优化问题；主要缺点是用对偶规划法求解非凸规划问题，必然存在对偶间隙，难以求得原问题的离散优化解。罚函数法主要缺点是离散变量违反无约束优化问题中所隐含着的变量连续性的假定。离散复形法是模仿连续变量的复形法，只是复形顶点为许用离散点，用一维搜索法代替连续变量复形法的扩展、反射和收缩策略，还有重新启动、重构复形、加速与分解策略等。该算法计算量太大，特别是寻求初始复形和重构复形所花的时间很多[111]。

GA 是美国密歇根（Michigan）大学教授 J. H. Holland[112] 于 20 世纪 70 年代提出的一种非确定性优化算法，是一种借鉴基因遗传机理和达尔文适者生存的自然选择原则，模拟自然进化过程，基于群体随机化的搜索算法[113]。GA 在优化过程中，算法在整个种群（population）空间内随机搜索，按照一定的评价策略得到每个个体的评价，并且通过选择算子（selection operator）、交叉算子（crossover operator）、变异算子（mutation operator）的作用使种群不断进化，从而使问题的结果被不断优化直至达到最优[114]。20 世纪 90 年代初，为了让计算机自动地进行程序设计，J. R. Koza 使用 GA 的基本思想，提出了遗传程序设计（genetic programming）的概念[115,116]。现在，J. H. Holland 提出的遗传算法通常被称为标准遗传算法（SGA）。由于解决不同非线性问题的鲁棒性[117]、全局最优性及不依赖于问题模型的特性、可并行性的高效率[118]、不需要梯度信息[119]及函数的连续性[120]、对目标函数及约束条件也没有苛刻要求[121,122]，这种算法正引起人们研究及应用的热潮[123]。GA 是基于生物进化论中自然遗传机制的优化算法，它将优化问题转化为生物进化过程，采用优胜劣汰的机制来获得优化问题的最优解，尤其适用于传统的搜索方法解决不了的复杂和非线性问题，在离散变量结构优化设计领域已经展示了它的魅力。GA[124,125] 为复杂函数全局优化问题的解决提供了新的途径，用解空间的点模拟自然界生物体，用目标函数评估生物体对环境的适应能力，用选择、交叉、变异操作模拟生物的优胜劣汰和遗传变异的进化过程。GA 旨在避免陷入局部最优点，逐渐收敛于全局最优解。由于其运算简单并能有效解决问题，故被广泛应用到众多的领域。理论证明，GA 能从概率的意义上以随机的方式寻求到问题的最优解[126]。因为 GA 在解决非线性、全局寻优的复杂问题时，具有传统方法所不具备的独特优越性，所以特别适合应用于参数数量巨大、运行机制复杂的结构振动控制系统的参数优化和布局优化问题。因其简单通用，鲁棒性强，适于并行处理，已广泛应用于计算机科学、优化调度、运输问题、机器人智能控制、组合优化、模式识别、人工生命等领域。GA 已经提供了解决复杂系统问题的通用框架[114]。

### 3.5.3　SGA 的特点

　　SGA 的特点可以从它和传统的搜索方法的对比以及分析它和若干搜索方法与分布系统的亲近关系充分体现出来。解析法是常用的搜索方法之一，它通常是通过求解使目标函数梯度为零的一组非线性方程来进行搜索的。一般而言，若目标函数连续可微，解的空间方程比较简单，解析法还可以用。但是若方程的变量有几十或几百个时，它就无能为力了。爬山法也是常用的搜索方法，只有在更好的解位于当前解附近的前提下，才能继续向优化解搜索。穷举法也是一种典型的搜索方法，该方法简单易行，但效率低且鲁棒性不强，许多实际问题所对应的搜索空间都很大，不允许一点一点地慢慢求解。SGA 是一类可用于复杂系统优化计算的搜索算法，与传统的优化搜索算法相比，它采用许多独特的方法和技术，主要有下述几个特点：

　　（1）SGA 以决策变量的编码作为运算对象。传统的优化算法往往直接利用决策变量的实际值本身来进行优化计算，但 SGA 不是直接以决策变量的值，而是以决策变量的某种形式的编码作为运算对象。这种对决策变量的编码处理方式，使我们在优化计算中可以借鉴生物学中染色体和基因等概念，可以模仿自然界中生物的遗传和进化等机理，这样可以方便地应用遗传操作算子。特别是对一些无数值概念或很难有数值概念，而只有代码概念的优化问题，编码处理方式更显示出了独特的优越性。另外，处理离散变量也显示出非凡能力，所以用传统优化算法不能求解的问题，SGA 都能处理。

　　（2）SGA 直接以目标函数值作为搜索信息。传统的优化算法不仅需要目标函数值，而且往往需要目标函数值的导数值等其他一些辅助信息才能确定搜索方向，而 SGA 仅需要由目标函数值变换来的适应度函数值，就可以决定进一步的搜索方向和搜索范围，无需目标函数的导数值等其他一些辅助信息。对那些无法或很难求导的，或是导数不存在的目标函数的优化问题，以及组合优化问题等，利用 SGA 的这一特性就显得比较方便了，因为它避开了函数求导这一障碍。

（3）SGA 使用多个搜索点。SGA 能同时使用多个搜索点的搜索信息。传统的优化算法往往是从解空间中的一个初始点开始最优解的迭代搜索过程。单个搜索点所提供的搜索信息毕竟不多，所以搜索的效率不高，有的时候甚至使搜索过程陷于局部最优解而停滞不前。SGA 从很多个体所组成的一个初始群体开始最优解的搜索过程，而不是从一个单一的个体开始搜索。在对群体所进行的选择、交叉、变异等运算过程中产生新一代群体，在这之中包含很多群体信息。这些信息可以避免搜索一些不必搜索的点，所以实际上相当于搜索了更多的点，这是 SGA 所特有的一种隐含并行性。

（4）SGA 使用概率搜索技术。很多传统的优化算法往往使用的是确定性的搜索方法，一个搜索点到另一个搜索点的转移有确定的转移方法和转移关系，这种确定性往往也有可能使搜索永远达不到最优解，因此限制算法的应用范围。SGA 属于一种自适应概率搜索技术，其选择、交叉、变异等运算都是以一种概率的方式来进行的，从而就增加了其搜索过程的灵活性。虽然这种概率特性也会使群体中产生一些适应性不高的个体，但是随着进化过程的进行，新的群体总会更多地产生出优良个体，实践和理论都已经证明，在一定条件下 SGA 总是以概率 1 收敛于问题的最优解。当然，交叉概率和变异概率等参数也会影响算法的搜索效果和搜索效率，所以如何选择 SGA 的参数在应用中是一个比较重要的问题。另外，与其他一些算法相比，SGA 的鲁棒性又会使得参数对其搜索的效果影响尽可能地低。

（5）SGA 善于搜索复杂区域。SGA 善于搜索复杂区域，从中找出期望值高的区域，但搜索效率不高。正如 SGA 创始人 J. H. Holland 所指出的"如果只对几个变量做微小的改动就能进一步改进解，则最好使用一些更普通的方法，来为遗传算法助一臂之力"。

上述特点使得 SGA 使用简单、鲁棒性强、易于并行化，从而应用范围很广。

### 3.5.4 SGA 的理论基础

SGA 是从一个初始群体出发，以适应度函数为依据，不断循环地执行选择、交叉和变异过程。在这个过程中，群体个体一代一代地得以优化并逐步逼近全局最优解。尽管 SGA 以这种简单的方式直接作用在一个符号串的群体上，但是，作为一种智能化搜索方法，它的本质内涵即它的选择、交叉和变异算子能使 SGA 体现出其他算法所没有的自适应性和全局优化等优点。

#### 3.5.4.1 模式定理

模式定理是指 SGA 中，在选择、交叉和变异算子的作用下，具有低阶、短的定义长度并且平均适应度高于群体平均适应度的模式将在子代中按指数级增长。模式定理是 SGA 的理论基础，它说明高适应值、短定义距、低阶的模式在后代中以指数增长率被采样。原因在于选择算子使高适应性的模式产生更多的后代，而简单的交叉操作不易破坏长度短、阶数低的模式，由于变异概率很小，一般不会影响这些重要的模式。SGA 通过作用于上述这些特殊的模式来减少问题的复杂性，它不是通过逐一测试各个组合来建立高适应性的符号串，而是从过去样本中最好的部分解来构造出越来越好的符号串。

#### 3.5.4.2 隐含并行性

在长为 $L$、规模为 $SP$ 的二进制符号串种群中，包含有 $2^L$ 到 $SP \times 2^L$ 个模式，但是正如模式定理所表明的，并不是所有的模式都以较大的概率被进行处理，这是由于交叉算子会破坏那些定义长度相对长的模式。假如仅考虑存活率大于某一常数 $P_s$ 的模式，即死亡率 $\varepsilon < 1 - P_s$。若变异概率很小可忽略变异操作，则经过交叉操作，某

一模式 $H$ 的死亡率为：

$$P_{\mathrm{d}} = \frac{\delta(H)}{L - 1} \tag{3-32}$$

为了保证其存活率大于 $P_{\mathrm{s}}$，有 $P_{\mathrm{d}} < \varepsilon$，即

$$\frac{\delta(H)}{L - 1} < \varepsilon \tag{3-33}$$

所以，模式 $H$ 的定义长度 $L_{\mathrm{s}}$（即 $\delta(H)$）应满足：

$$L_{\mathrm{s}} < \varepsilon(l - 1) + 1 \tag{3-34}$$

SGA 有效处理的模式数与群体规模的立方成正比，即为 $O(SP^3)$。这个关于有效模式处理数目的估计非常重要，J. H. Holland 称之为 SGA 的隐含并行性（implicit parallelism）。它表明，每一代中除了对 $SP$ 个符号串进行处理外，SGA 实际上大约处理了 $O(SP^3)$ 个模式，从而每代只执行与种群规模 $SP$ 成正比的计算量，就可以同时收到并行地对大约 $O(SP^3)$ 个模式进行有效处理的目的，并且无须额外的存储。这是 SGA 的一个重要特性。SGA 的隐含并行性使 SGA 可以高效地搜索解空间，最终逼近问题的最优解。对于规模宏大的离散变量优化设计问题，SGA 就可以充分发挥其优越性。

### 3.5.4.3 基因块假设

由模式定理可知：具有低阶、短定义距以及高适应度的模式在 SGA 中起到非常重要的作用，我们特别地把具有低阶、短定义距以及高适应度的模式称为基因块。基因块假设认为：基因块在遗传算子作用下，相互结合，能生成高阶、长距、高适应度的模式，可最终生成全局最优解。基因块假设说明在遗传操作中，带有优秀遗传信息的基因块相互结合，生成具有更高适应度的个体，经世代进化最终生成全局最优解。

基因块假设说明了用 SGA 求解各类问题的基本思想,即通过基因块之间的相互拼接能够产生出更好的解。基于模式定理和基因块假设,使得 SGA 的思想在很多应用问题中广泛地使用。虽然基因块假设并未得到完整而严密的数学证明,但大量的应用实践证据支持这一假设[127]。尽管大量的证据并不等于理论证明,但至少可以肯定,对多数经常遇到的问题,基因块假设都是适用的。基因块假设被认为是解释 SGA 寻优原理的较完善的理论,它对 SGA 理论上的深入研究提供较好基础,并为 SGA 性能的改进和应用的拓展提供了理论指导。

### 3.5.4.4　SGA 欺骗问题

那些引导 SGA 出错的函数编码组合被称为 SGA 的欺骗问题。已有的研究结果表明 SGA 欺骗问题一般包含有孤立的最优点,即最优点往往被一些较差的点包围。SGA 的搜索过程强烈地依赖于模式之间的竞争,欺骗问题的模式竞争给搜索过程提供错误信息,从而使得 SGA 较难通过基因之间的相互拼接而达到最优点的模式。实际上,现实世界中所遇到的各类应用问题,很少具有这种难以寻觅的性质。另外,对于这类问题,无论采用何种搜索方法,要找到这种难以寻觅的最优点都是困难的。然而,需要注意的是,SGA 依靠基因块的重组来找到最优点,如果由于所用的编码或函数本身导致基因块出错,那么这个问题可能需要很长的等待时间来达到近似最优解。

### 3.5.4.5　收敛性分析

算法收敛性是指算法产生了一个解或函数值的数列,而全局最优解是该数列的极限值。因为 SGA 的选择、交叉和变异操作都是独立随机进行的,新群体仅与其父代群体及遗传算子有关,而与其父代群体之间的各代群体无关,即群体无后效性,并且各代群体之间的转换概率与时间的起点无关。

SGA 的全局收敛性一直受到怀疑和争论,目前普遍认为,SGA

并不能保证全局最优收敛。近年来，SGA 全局收敛性的分析方面有了新的突破。Eiben 等用马尔科夫链证明了保留最优个体（elitist）的 SGA 的概率性全局收敛[128]；Back 和 Muhlenbein 研究了达到全局最优解的 SGA 的时间复杂性问题[129,130]；Qi 和 Palmier 对浮点数编码的 SGA 进行了严密的数学分析，用马尔科夫链建模，进行全局收敛性分析，其结果是基于群体数为无穷大这个条件[131]。恽为民应用齐次马尔科夫链分析 SGA，证明 SGA 不是全局收敛的[132]，即在任意交叉概率、任意变异概率、任意初始化、任意交叉算子以及任意适应度函数的条件下，SGA 只能发现全局最优解，但是不能保证每次都收敛于全局最优解；而 IGA（即在选择算子作用前（或后）保留当前最优解）则能保证收敛至全局最优解。由此可知，收敛至全局最优解，实际上是由于不断地保留当前最优解的结果。

未成熟收敛是 SGA 中不可忽视的现象，主要表现在两个方面：一是群体中所有的个体都陷于同一极值而停止进化；二是接近最优解的个体总被淘汰掉，进化过程不收敛。未成熟收敛主要表现为：

（1）在进化初始阶段，产生了具有很高适应度的个体 $X$。

（2）在基于适应度比例的选择下，其他个体被淘汰，大部分个体与 $X$ 一致。

（3）相同的两个个体实行交叉，从而未能生成新个体。

（4）通过变异所生成的个体适应度高但数量少，所以被淘汰的可能性很大，群体中的大部分个体都处于与 $X$ 一致的状态。

针对上述情况，需要在编码、适应度和遗传操作等方面进行考虑。

（1）提高变异概率。在进化初期，可以加强 SGA 的随机搜索能力。

（2）调整选择概率。可以把选择概率本身也作为个体来进行进化。

（3）维持群体中个体的多样性。

### 3.5.5　SGA 应用步骤

SGA 模仿生物在自然界中的遗传和进化机理，反复将选择算子、交叉算子、变异算子作用于群体，最终可以得到问题的最优解或近似最优解。虽然算法的思想比较单纯，结构比较简单，但是它却能够解决一些复杂系统的优化问题。

SGA 不依赖于问题的领域和种类，对一个需要进行优化计算的实际应用问题，一般可按下面步骤来求解：

（1）确定决策变量及其各种约束条件；

（2）建立优化模型；

（3）确定表示可行解的染色体的编码方法；

（4）确定解码方法；

（5）确定个体适应度的量化评价方法；

（6）设计遗传算子（选择算子、交叉算子、变异算子等）；

（7）确定 SGA 的有关运行参数。

可行解的编码、解码方法及遗传算子的设计是构造 SGA 时的两个关键步骤。对不同的优化问题需要用不同的编码方法和不同操作的遗传算子，它们与所求解的具体问题密切相关，因此，对所求解问题的理解程度是 SGA 应用成功的关键。SGA 应用步骤如图 3-11 所示。

### 3.5.6　符号串的编码与解码

由于 SGA 应用的广泛性，迄今为止，人们已经提出了许多种编码方法。编码是连接 SGA 与实际问题的桥梁。SGA 的操作对象不是所求解问题的实际变量，而是变量编码后的符号串。因此，编码是应用 SGA 时要解决的首要问题。SGA 的编码方法主要有：二进制编码方法、格雷码编码方法、浮点数编码方法、符号编码方法、多参数级联编码方法、多参数交叉编码方法[133]等。一般认为二进制编码方法能在相同的范围内表示最多的模式，能充分体现所谓的隐含并行性[134]。因此，对离散变量进行优化设计时，多使用二进制编码方

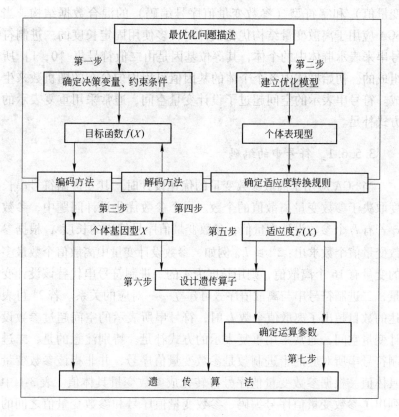

图 3-11 SGA 应用步骤

法,它具有下列优点:

(1)编码、解码操作简单易行;

(2)交叉、变异等遗传操作便于实现;

(3)符合最小字符集编码原则;

(4)便于利用模式定理对算法进行理论分析。

二进制编码方法使用的编码符号集是由二进制符号 0 和 1 组成的二值符号集 {0,1},它所构成的个体基因型是一个二进制符号串。

因为遗传操作是在数码间进行的,所以必须将设计变量数码化。SGA 采用每个个体同时具有整型(参数变量值序号)、实型(参数变量值）和字符型（参数变量值序号编码）的混合数据结构。当 SGA 应用于离散变量结构优化设计时，多使用固定长度的二进制符号串来表示群体中的个体，其等位基因是由二值符号集 $\{0, 1\}$ 所组成的。初始群体中各个体的基因值可用均匀分布的随机数来生成。符号串表示的空间超过了设计变量空间，通常采用重复表示的方式补足。

### 3.5.6.1 符号串的编码

当 SGA 应用于离散参数变量的优化设计时，其二进制符号串长度取决于参数变量离散值的个数。一个参数优化设计问题中，参数 $x_i$ 若有 $l_i$ 个参数设计变量值，参数变量值序号编码的长度 $\lambda_i$ 根据参数变量值个数求出：$2^{\lambda_i} \geq l_i$。例如，参数设计变量中离散值个数最多的变量有 16 个离散值，则用长度为 4 的二进制符号串代替该设计变量，二进制符号串与离散值序号可建立一一对应的关系。若 $2^\lambda$ 可表达的数目超出了离散值个数 $l_i$ 时，符号串所表示的空间超过参数设计变量空间，通常采用重复表示的方式补足。特别注意的是，二进制符号串所对应的十进制数是参数变量值序号，并非指该参数变量具体值。根据参数变量值序号再转化成参数变量具体值。表 3-1 中列出了参数变量值序号编码、参数变量值序号和参数变量值之间的映射关系。

**表 3-1 参数变量值序号编码、参数变量值序号和参数变量值之间的映射关系**

| 参数变量值序号编码<br>（字符型） | 参数变量值序号<br>（整型数） | 对应参数变量值<br>（实型数） |
|:---:|:---:|:---:|
| 0000 | 0 | $Q_1$ |
| 0001 | 1 | $Q_2$ |
| 0010 | 2 | $Q_3$ |
| ⋮ | ⋮ | ⋮ |
| 1111 | 15 | $Q_{16}$ |

### 3.5.6.2 符号串的解码

将二进制符号串分成 $n$ 段，则每一段为符号串长度 $\lambda_i$ 位，表示 $n$ 维变量中的某一维变量，然后可得出对应的十进制数。由 4 位子串映射到的实际值所描述的关系如表 3-1 所示。4 位子串可以解码成 0 ~ 15 之间的整数（参数变量值序号），这些无符号十进制数可以映射到序号所对应的 16 个参数变量值中的一个。例如：4 位子串 1110 能解码为：$i = 1 \times 2^3 + 1 \times 2^2 + 1 \times 2^1 + 0 \times 2^0 = 14$ ($i$ 为参数变量值序号)，于是该子串映射到序号 14 对应的参数变量值为 $Q_{15}$。

### 3.5.7 个体适应度的评价

在 SGA 中，以个体适应度的大小来决定群体遗传到下一代群体中的概率。个体适应度越大，遗传到下一代中的概率就越大；反之，遗传到下一代中的概率就越小。SGA 使用比例选择算子来决定种群中各个个体遗传到下一代群体中的数量。为了正确计算不同情况下各个个体遗传到下一代的概率，要求所有个体的适应度只能为正数或零，而不能为负数，如果为负数，应调整为零。对于求函数最小值的优化问题，理论上，只需对其增加一个负号就可以转换为求函数最大值的优化问题，即

$$\min f(x) = \max(-f(x)) \tag{3-35}$$

当优化目标是求函数最大值，并且目标函数值总为正数时，可以直接设定个体适应度 $F(x)$ 就等于相应的目标函数值 $f(x)$，即

$$F(x) = f(x) \tag{3-36}$$

但是，实际优化问题中的目标函数值有正也有负，优化目标有求函数最大值，也有求函数最小值，显然上面两式保证不了所有情况下个体适应度都是正数这个要求。因此，必须寻找一种通用有效

的由目标函数值到个体适应度的转化关系，由它保证个体适应度总取正数。

为了满足个体适应度总取正数的要求，SGA 一般采取两种方法将目标函数值 $f(x)$ 变换为个体的适应度 $F(x)$。对求目标函数最大值的优化问题，变化方法为

$$F(x) = \begin{cases} f(x) + C_{\min} & \text{if} \quad f(x) + C_{\min} > 0 \\ 0 & \text{if} \quad f(x) + C_{\min} \leqslant 0 \end{cases} \tag{3-37}$$

式(3-37)中，$C_{\min}$ 为一个相对比较小的数，可以用下面几种方法来确定：

（1）预先指定的一个较小的数；

（2）进化到当前代为止的最小目标函数值；

（3）当前代或最近几代群体中的最小函数值。

对于求目标函数最小值的优化问题，变换方法为

$$F(x) = \begin{cases} C_{\max} - f(x) & \text{if} \quad f(x) < C_{\max} \\ 0 & \text{if} \quad f(x) \geqslant C_{\max} \end{cases} \tag{3-38}$$

式(3-38)中，$C_{\max}$ 为一个相对比较大的数，它可以用下面几种方法来确定：

（1）预先指定的一个较大的数；

（2）进化到当前代为止的最大目标函数值；

（3）当前代或最近几代群体中的最大函数值。

### 3.5.8  遗传算子

SGA 使用的三种主要的遗传算子（genetic operator）为：选择算子、交叉算子和变异算子。

#### 3.5.8.1  选择算子

在生物的遗传和进化过程中，对于环境的适应程度较高的物种

将有更多的机会遗传到下一代；而对于环境的适应程度较低的物种将有更少的机会遗传到下一代。模仿这个过程，SGA 使用选择算子（selection operator）来对群体中个体进行优胜劣汰操作：适应度较高的个体将有更多的机会遗传到下一代；而适应度较低的个体将有更少的机会遗传到下一代。SGA 中的选择算子的选择操作就是用来确定如何从父代群体中按某种方法选择个体遗传到下一代群体中的一种遗传操作。选择操作建立在对个体的适应度进行评价的基础上。选择操作的主要目的是为了避免基因缺欠，提高全局收敛性和计算效率。

在解离散变量优化设计问题时，选择运算一般多使用比例选择算子。比例选择算子是指个体被选中并遗传到下一代中的概率与个体的适应度大小成正比。比例选择实际上是一种有退还随机选择，也称为赌盘（roulette wheel）选择。

比例选择算子的具体执行过程是：

（1）计算出群体中所有个体的适应度的总和；

（2）计算出每个个体适应度的相对大小，它即为各个个体被遗传到下一代群体中的概率；

（3）最后再使用比例选择来确定各个个体被选中的次数。

### 3.5.8.2 交叉算子

在生物的自然进化过程中，两个同源染色体通过交配而重组，形成新的染色体，从而产生新的个体和物种。交配重组是生物遗传和进化过程的一个重要环节，在 SGA 中也使用交叉算子（crossover operator）来产生新的个体。SGA 中的所谓交叉运算，是指对两个相互配对的染色体按某种方式相互交换其部分基因，从而形成两个新的个体。交叉运算是 SGA 区别于其他进化算法的重要特征，它在 SGA 中起着关键作用，是产生新个体的重要方法。在 SGA 中，在交叉运算之前还必须先对群体中的个体进行配对。目前，常用的配对策略是随机配对，即将群体中的 $M$ 个个体以随机的方式组合 $M/2$ 对配对个体组，交叉操作是在这些配对个体组中的两个个体之间进行的。交叉算子的设计和实现与所研究的问题密切相关，一般要求它既不要太多地破坏个体符号串中表示优良性状的优良模式，又要能够有效地产生出一些较好的新个体模式。另外，交叉算子的设计要和个体编码设计统一考虑。

在解离散变量优化设计问题时，交叉运算一般多使用单点交叉算子。单点交叉算子是最常用和最基本的交叉算子。单点交叉算子具体执行过程为：

（1）对群体的个体进行两两随机配对；

（2）对每一对相互配对的个体，随机设置为交叉点；

（3）对每一对相互交叉的个体，依设定的交叉概率在交叉点相互交换两个个体的部分染色体，从而产生两个新个体。

单点交叉示意如下：

$$A: \cdots 10101010 \updownarrow 1010 \cdots \xrightarrow{\text{单点交叉为}} A': \cdots 10101010 \updownarrow 0110 \cdots$$

$$B: \cdots 11100110 \updownarrow 0110 \cdots \qquad B': \cdots 11100110 \updownarrow 1010 \cdots$$

$$(3-39)$$

### 3.5.8.3　变异算子

在解离散变量优化设计问题时，变异运算（mutation operator）一般多使用基本位变异算子。基本位变异算子是最简单和最基本的变异算子。对于 SGA 中用二进制符号串所表示的个体，若需要进行变异操作的某基因座上的原有基因值为 0，则变异操作将其变为 1；反之，若原有基因值为 1，则变异操作将其变为 0。

基本位变异算子的具体执行过程是：

（1）对个体的每一个基因座，依变异概率 $P_m$ 指定其变异点；

（2）对每一个指定的变异点，对其基因值做取反运算或用其他等位基因值来代替，从而产生一个新的个体。

基本位变异运算的示意如下：

$$A: \cdots 101010\underline{0}_{\text{变异位}}1010 \cdots \xrightarrow{\text{变异为}} A': \cdots 101011\underline{1}_{\text{变异}}1010 \cdots$$

$$(3-40)$$

### 3.5.9　SGA 的运行参数

SGA 中需要选择的运行参数主要有个体符号串长度 $L$、群体大小 $SP$、交叉概率 $P_c$、变异概率 $P_m$、终止代数 $T$ 和代沟 $G$ 等[133]。这些参数对 SGA 的运行性能影响很大。

（1）符号串长度 $L$(length)。使用二进制编码来表示个体时，编码长度 $L$ 的选取与问题所要求的求解精度有关。

（2）群体大小 $SP$( size of population )。群体大小 $SP$ 表示群体中所含个体的数量。当 $SP$ 取值较小时，可以提高 SGA 的运算速度，但降低群体的多样性，有可能引起 SGA 的未成熟收敛；而当 $SP$ 的取值太大时，又会使 SGA 的运算效率降低。一般建议的取值范围是 $20 \sim 200$。

（3）交叉概率 $P_c$( percentage of crossover )。交叉操作是 SGA 中产生新个体的主要方法，所以交叉概率应取值较大。但是，如取值较大时，又会破坏群体中的优良个体，对进化运算反而产生不利影响；如取值较小时，产生新个体的速度又较慢，所以一般取 $0.4 \sim 0.99$。

（4）变异概率 $P_m$( percentage of mutation )。若变异概率取得较大时，虽然能够产生较多的新个体，但是却破坏了很多较好的模式，使 SGA 的性能近似于随机搜索的性能；若变异概率取值较小时，则变异操作产生新个体的能力和抑制未成熟收敛的能力就会较差了，所以，一般在 $0.0001 \sim 0.1$ 之间。

（5）终止代数 $T$。终止代数 $T$ 是表示 SGA 运行结束条件的一个参数，它表示 SGA 运行到指定的进化代数之后就停止运行，并将当前群体的最佳个体作为所求问题的最优解输出。一般在 $100 \sim 1000$ 之间。

（6）代沟 $G$(gap)。代沟 $G$ 是表示各代群体之间个体重叠程度的一个参数，它表示每一代群体中被替换掉的个体在全部个体中所占的百分率，即上一代中有 $SP(1-G)$ 个符号串被随机地选择保留到下一代中。当 $G=1.0$ 时，表明每一代中整个群体都被替换；当 $G=$

0.5 时，表明每个群体中有一半的符号串生存到下一代。

### 3.5.10  SGA 的主要缺点

尽管 SGA 具有解决不同非线性问题的鲁棒性、全局最优性及不依赖于问题模型、可并行性的高效率、不需要梯度信息及函数的连续性、对目标函数及约束条件也没有苛刻要求等其他传统的优化方法无法比拟的优越性能，但是 SGA 也存在着一些缺点[135]。SGA 本质上是一种随机搜索优化算法，当问题规模较大或问题较复杂时，由于被搜索的空间非常大，从而导致 SGA 的收敛速度很慢。加上SGA 本身存在群体分散性和未成熟收敛之间的矛盾，这给 SGA 的实际应用带来了很大的不便。另外，它有一个主要的缺点——过早收敛，由于 SGA 中选择、交叉和变异等算子的作用，使得一些优秀的基因片段过早丢失，从而限制了搜索范围，使得搜索只能在局部范围内找到最优值，而不能得到满意的全局最优解，过早收敛在 SGA中很普遍，而且比较难克服[136]。

#### 3.5.10.1  易出现未成熟收敛

SGA 中的选择、交叉和变异算子是主要的遗传算子。选择算子体现适者生存的原则；交叉算子是组合父代群体中有价值的信息，产生新的后代，具有遗传功能；变异算子的作用是保持群体中基因的多样性。随着 SGA 的收敛，多样性逐步减小，SGA 中多样性减小与 SGA 收敛本质上是一致的，只是有时不能收敛到全局最优点，而是收敛到局部极值点。其原因是 SGA 的选择操作以适应度为依据来选择父代染色体，使适应度好的个体数量增加，适应度差的个体数量下降，种群的适应度有逐渐趋于一致的现象，使种群的多样性变差。由于种群中个体的适应度不断地接近平均适应度，使得这些非最优个体或模式在群体中所占的比例不断加大，占据统治地位，进而产生随机漫游现象，最后使 SGA 陷入局部极值，即收敛于局部最优解。

J. H. Holland 提出的模式定理是 SGA 的基础理论，但模式定理只揭示种群平均适应度的进化过程，对种群中个体的分布情况并未给出结果。我们知道，种群只有在保持一定的多样性的情况下才能提高 SGA 的进化效率和计算稳定性。SGA 存在未成熟收敛问题的主要原因是：当算法进化到某一代时，种群中出现某一超常个体，它的适应度远远大于其他任何个体的适应度，使得选择算子选择许多此类个体，造成 SGA 的交叉及变异算子的操作失效。从理论上来说，SGA 中的变异算子可以使算法跳出未成熟收敛。但是，为了保证算法的稳定性，变异算子的变异概率通常取值很小（0.005～0.05），所以算法一旦出现未成熟收敛，仅靠传统的变异算子，需要较多代才能变异出一个不同于其他个体的新个体，而且，如果新个体的适应度远远小于种群的平均适应度，那么新个体在下一轮被选择算子选中的概率非常小。因此，种群的多样性差是造成 SGA 不稳定和未成熟收敛的原因，应在种群多样性变差之前，采取相应的措施，维持种群的多样性。

### 3.5.10.2　最优个体被破坏而发生振荡

在 SGA 的运行过程中，通过对种群进行交叉、变异等进化操作可以不断地产生新个体，随着群体的进化，交叉、变异算子会产生越来越多的优良个体，但由于传统的交叉、变异等进化操作，首先随机生成需要交叉、变异操作的父代群体，然后对选出来的父代群体随机配对，依据事先设定的交叉、变异概率进行交叉、变异操作。不难看出整个交叉、变异操作过程没有考虑个体的适应度大小，随机性极强，致使父代种群当中适应度好的优秀个体极容易遭到破坏，使得劣质后代很可能取代优质双亲，这会在很大程度上降低群体的平均适应度，并对算法的运行效率、收敛性产生不利的影响。

### 3.5.10.3　局部搜索能力较差

尽管 SGA 比其他传统搜索方法具有更强的稳健性，但研究发现，SGA 可以用极快的速度达到最优解的 90% 左右，但要达到最优解则要花费很长的时间。这主要是由于 SGA 从多个个体组成的群体进行搜索，因此可以很快找到最优点的区域。但在进化后期，群体中的个体差别较小，个体的适应度与群体的平均适应度非常接近，使得选择压力减小，因而难以搜索到更优的个体。

### 3.5.10.4 结构重分析现象

SGA 在优化设计应用中，存在着大量的结构重分析现象，因计算量过大，导致搜索效率不高。这是 SGA 在优化设计中应用的主要障碍，因此，在运用 SGA 进行优化设计时，应设法减少计算过程中的迭代次数或者加速其收敛速度。

## 3.5.11 SGA 的改进措施

对 SGA 提出若干的改进措施，其中包括引入倒位算子、切断算子和拼接算子，并提出单亲遗传算子和转基因算子，来提高其求解质量和效率。

### 3.5.11.1 转基因算子

转基因算子是以生物学中转基因和克隆技术理论为基础，对每一代群体中较差个体和最优个体分别进行转基因操作和克隆操作。转基因操作使较差个体得到部分较好符号串，有效地改善了群体的适应性能，并很好地保持了群体的多样性，更好地防止了未成熟收敛现象的发生；克隆操作很好地保护了最优个体，防止了振荡现象的发生；运算操作也很好地利用了每一代遗传操作的信息，这样，对 SGA 随机性太大的缺点有了很好的改善，其具体的操作过程为：

（1）找出每一代需要进行转基因操作的个体。即找出每一代的较差个体，在每一次的遗传操作的同时就可以找到每一代的适值较低的个体。因此，不必要专门进行进一步运算操作，所以运算时间没有明显的增加。

（2）找出每一代可以代替的转基因的个体。即找出每一代的优良个体。在 SGA 中，每一次遗传操作都会直接找到最优个体。这样，就不必要专门进行进一步运算操作，所以运算时间也没有明显的增加。

（3）进行克隆操作。最优个体直接进入到下一代，这样就可以很好地防止优良个体因为 SGA 的随机性大而破坏，很好地防止了振荡现象的发生。

（4）进行截断操作。以某一预先指定的概率 $P_t$，分别在优良个体和较差个体中对应选择一段基因，在该处分别将两个个体的符号串切断，得到这两段基因。为了得到较好的符号串的性能，在切断个体符号串时，切断处是在变量符号串长度整数倍处，得到的子个体符号串的长度也是变量符号串长度的整数倍。

（5）进行拼接操作。引用拼接算子将对应的优良个体的子串接到较差个体上，得到一个性能较好的个体符号串。这样既改善了符号串的性能，又保证了群体基因的多样性。

### 3.5.11.2　单亲遗传算子

SGA 的随机性很大，为了防止这种现象的发生，本书提出单亲遗传算子。这样可以有效地保证群体的多样性，又能充分地利用每次操作的分析结果，使搜索进度加快。具体操作为：

（1）从群体中选择需要进行单亲遗传操作的符号串。每进行一次遗传操作，都将群体的所有个体按适应度的高低排序；选择排序为偶数位或奇数位的个体基因进行单亲遗传操作。这样选择操作可以使整个群体更好地保持着多样性，使该遗传操作的效果更好。

（2）对每个被选择的个体进行多次自交遗传操作，产生多个新个体。在进行自交遗传操作时要引入自交算子，它是以一个预先指定的比较大的概率对该基因的每个基因座进行变异操作；然后再与原基因进行交叉操作。其具体的操作为：

1）以某一预先指定的比较大的概率，对被选择的基因的每个基因座进行变异操作，生成新基因：

$$A:\cdots1100101010\cdots\xrightarrow{\text{变异操作}}B:\cdots0010010100\cdots \quad (3\text{-}41)$$

2）与原基因多次交叉操作，生成多个新基因：

$$A:\cdots 11001 \vdots 01010\cdots \quad \xrightarrow{\text{交叉操作}} \quad C:\cdots 11001 \vdots 10100\cdots$$

$$B:\cdots 00100 \vdots 10100\cdots \qquad\qquad D:\cdots 00100 \vdots 01010\cdots \qquad (3\text{-}42)$$

（3）计算每个个体的适应度值。

（4）找到适应度最高的个体进入到下一代。

### 3.5.12    三等分割算法

#### 3.5.12.1    一维三等分割算法

离散设计变量是升序排列的，则目标函数值也是升序排列的。引入约束条件，当不满足约束条件时，调用罚函数，这样处理后目标函数是一条单峰曲线。一维三等分割算法（TEPA）如下：

（1）生成集合 $X = \{x_1, x_2, \cdots, x_n\}$。

（2）若 $n = 3$，$G(x^*) = \min(G_1, G_2, G_3)$，结束。

（3）$a = n/3, b = 2n/3$。

（4）若 $G_a \leqslant G_b$，则 $n = 2n/3$，若 $n = 3$，转到（2），否则转到（3）。

（5）若 $G_a > G_b$，则 $c = n/3$，$G_i = G_{i+c}(i = 1, 2, \cdots, n-c)$，$n = 2n/3$，若 $n = 3$，转到（2），否则转到（3）（这里的 $a$，$b$，$c$ 和 $n$ 为整型数，在计算时采用四舍五入的计算规则）。

#### 3.5.12.2    多维三等分割算法

在静定的假使条件下，局部性约束只与本单元的截面性质有关，与其他单元的截面性质无关。使用一维 TEPA 对一个单元进行优化设计，对各单元分别进行优化设计构成多维 TEPA 的程序框图，如图 3-12 所示。

### 3.5.13    三等分割算法与 SGA 的混合

#### 3.5.13.1    算法的混合原则

设计 HGA 有以下两条指导性原则[137]：

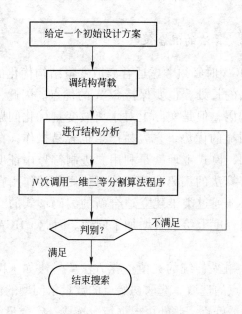

图 3-12　TEPA 的程序框图

（1）尽量采用原有算法的编码。在 HGA 中采用原有算法中的编码技术，这个原则有两个好处：

1）保证包含在原编码中的有关知识将保持下来。

2）保证 HGA 对实际应用人员使用方便。

（2）吸收原有算法的优点。把原有算法中有利的优化技术结合到 HGA 中，这可以通过以下途径来实现：

1）如果原有算法是个快速算法，那么就把它产生的解添加到 HGA 的初始群体中。通过这种方式，具有最优选择的 HGA 得到的解至少不会比原有算法的差。一般地，把原有算法的解彼此交叉或与其他的解交叉都将得到改进的解。

2）把原有算法产生的解经一系列变换结合到 HGA 中可能会非常有用。

3）适应值的计算往往是个相当耗时的过程，如果原有算法擅长于解释它的编码，那么就把这种译码技术应用到 HGA 中以节省计算时间。

### 3.5.13.2 算法的混合策略

在构成 HGA 时必须考虑适合离散变量结构优化的特点，既要吸取原有算法的长处，也要保持 SGA 的优点。因此，要尽量采用原有算法的编码，但是实际上对于离散变量优化问题，二进制编码有其非常明显的优势，它容易产生也容易操作，在理论上也容易处理。例如，模式定理就是利用二进制符号串证明的，并且一旦采用了原有算法的编码，就不能再使用那种作用在符号串上的遗传算子，必须通过类推建立适合新的编码形式的交叉和变异算子，这在一定程度上给求解增加了麻烦。因此，HGA 仍然采用二进制编码。

在 SGA 中融入传统的数值优化方法要解决如下两个方面的问题：一是初始点的选取。选取初始点的数量依问题的性质而定，一般至少要包含最好点，此外可根据情况选取一定数量的其他点作为初始点。二是传统优化方法的正确选取，即在选取数值优化方法和一些知识型启发式方法时应注意其与 SGA 的互补性和兼容性。SGA 具有很强的全局寻优能力，并且最初的收敛速度也很快，但到接近最优解时，其搜索效率急剧下降，有时甚至达不到最优解或者在最优解附近振荡。因此，这就要求嵌入有局部搜索能力强的传统算法，形成互补性和兼容性较好的 HGA。

### 3.5.13.3 初始群体的形成

根据实际问题的结构和离散变量集，初始群体的一部分个体随机产生，另一部分由直接搜索算法产生。在群体进化过程中，初始群体的优劣对群体的进化十分重要。个体的适应性差，很难继续生存；对于整个群体来说如果适应性不高，就需要更多代才能产生优良个体。因此，HGA 的初始群体的一部分要由直接搜索算法产生，直接搜索算法的优化解可以保证满足约束条件，有很高的适应性能，这样就可以提高整个群体的优良性能。

### 3.5.13.4 群体的进化

进化过程中，每一代群体中所有个体都通过繁殖、交叉、变异的遗传操作产生下一代。为了充分利用直接搜索算法局部搜索能力强的特点，更好地控制繁殖过程，得到更好的群体，适时地将每一代的优良个体解码提供给直接搜索算法作为初始设计方案，进行局部搜索；再将结果编码加入到整个群体中，利用 SGA 进行全局搜索。这样就使两种算法既可以相互独立地进行搜索，又可以彼此相互协调，共同作用。这样，既发挥了直接搜索算法局部搜索能力强的特点，又发挥了 SGA 全局性好的特点，使搜索不至于陷入局部最优。

将 IGA 与直接搜索算法相混合，可以成功地解决 SGA 在迭代过程中经常出现未成熟收敛、最优个体被破坏而发生振荡、随机性太大和停滞等问题，而局部搜索能力差、迭代过程缓慢的缺点也得到了有效的改善。本书将这种算法称为 IHGA，其流程图如图 3-13 所示。

## 3.6 工程实例

某基坑呈 L 形，如图 3-14 所示，开挖深度为 7.23m。土层性质见表 3-2，地面堆载为 20kPa，变形控制在 30mm 以内。坑底下 4m 范围内采用水泥搅拌桩加固。墙后超载 $q = 20$kPa，排桩钢筋与水泥砂浆价格比 $a = 60$[89]。

表 3-2 土层性质

| 层号 | 土层名称 | 厚度/m | 重度/kN·m$^{-3}$ | 黏聚力/kPa | 内摩擦角/(°) |
|------|----------|--------|----------|-----------|-------------|
| 1 | 杂填土 | 3.5 ~ 7.5 | 19.0 | 6.0 | 20.0 |
| 2 | 黏　土 | 0.0 ~ 3.9 | 19.5 | 19.0 | 24.0 |
| 3 | 粉质黏土 | 20.5 ~ 24.0 | 18.0 | 18.3 | 4.6 |

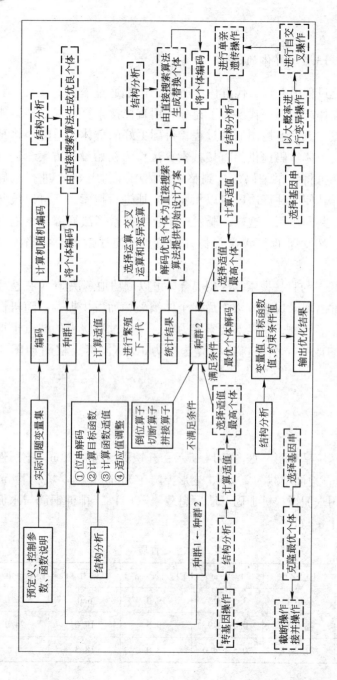

图 3-13  IHGA 的流程图

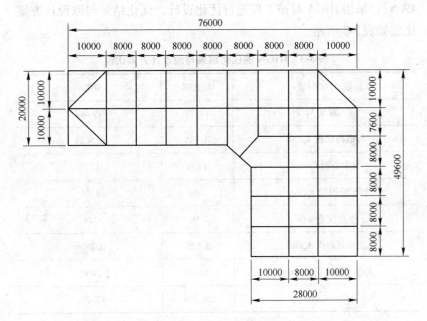

图 3-14 基坑平面及支撑布置图

排桩各参数变量的可取值如下：$h_c$ = [9.00, 9.20, 9.40, 9.60, 9.80, 10.00, 10.20, 10.40, 10.60, 10.80, 12.00, 12.20, 12.40, 12.60, 12.80, 13.00, 13.20, 13.40, 13.60, 13.80, 14.00, 14.20, 14.40, 14.60, 14.80, 15.00, 15.20, 15.40, 15.60, 15.80, 16.00]；$A_z$ = [0.3847, 0.4415, 0.5024, 0.5671, 0.6359, 0.7085, 0.7850, 0.8655, 0.9599, 1.0381, 1.1304, 1.2266, 1.3267]；$L_j$ = [1000, 1030, 1060, 1090, 1120, 1150, 1180, 1210, 1240, 1270, 1300, 1330, 1360, 1390, 1420, 1450, 1480, 1510, 1540, 1570, 1600]；$a_z$ = [5087, 5668, 6280, 6924, 7599, 7840, 8305, 9042, 9812, 10613]；$w$ = [1.5, 1.6, 1.7, 1.8, 1.9, 2.0, 2.1, 2.2, 2.3, 2.4, 2.5, 2.6, 2.7, 2.8, 2.9, 3.0, 3.1, 3.2, 3.3, 3.4, 3.5, 3.6, 3.7, 3.8, 3.9, 4.0]；$A_b$ = [0.1225, 0.1600, 0.2025, 0.2500, 0.3025, 0.3600]；$a_b$ = [1766, 2010, 2269, 2546, 2834, 3140, 3462, 3799, 4153, 4522,

4906],采用 IHGA 对该工程进行优化设计,优化结果与原设计方案比较如表 3-3 所示。

表 3-3 IHGA 的优化结果与原设计方案比较

| 设 计 变 量 | 原方案 | IHGA |
|---|---|---|
| 插入深度 $h_c$/m | 14.77 | 12.40 |
| 桩截面面积 $A_z$/m² | 0.785 | 0.5024 |
| 桩中心距 $L_j$/mm | 1200 | 1270 |
| 桩配筋面积 $a_z$/mm² | 7840 | 8305 |
| 支点位置 $w$/m | 2.90 | 2.4 |
| 支撑截面积 $A_b$/m² | 0.225 | 0.2500 |
| 支撑配筋面积 $a_b$/mm² | 3140 | 3462 |
| minCost | 29.555 | 17.772 |

采用 IHGA 对该工程进行优化设计·后,约束条件 $g[1] = 12.361\text{MPa}$;$g[2] = 6.348\text{MPa}$;$g[3] = 2.6\text{mm}$;$g[4] = 83.679\text{MPa}$;$g[5] = 124.634\text{MPa}$;$g[6] = 1.32$;$g[7] = 7.22$;$g[8] = 21.38\text{kPa}$;$g[9] = 15.71\text{kPa}$;$g[10] = 0.13$;$g[11] = 0.04$。可见,IHGA 的优化结果满足应力、地基承载力和各种稳定性等约束条件,表明强度、刚度和稳定性等多方面均达到设计要求,而工程材料成本降低 39.87%,表明优化效果十分显著。但由于建模过程中考虑的影响因素不够全面,优化结果与实际对比可能略有出入,有待进一步提高。

# 3.7 小  结

对深基坑排桩结构的受力、变形和稳定性计算进行了研究,并通过引入多个约束条件建立了深基坑排桩支护参数优化模型。对优化设计算法进行了研究,对 SGA 提出了若干的改进措施。其中包括提出单亲遗传算子和转基因算子等。并提出有局部搜索能力强和收敛快等特点的三等分割算法，与 IGA 混合而构成 IHGA。采用自行开发的 IHGA 对深基坑单支点排桩支护结构的插入深度、桩截面面积、桩中心距、桩配筋面积、支点位置、支撑截面积和支撑配筋面积等重要参数进行优化设计。工程实例的结果表明这种 IHGA 的优化设计结果不仅保证了深基坑的稳定性，而且使其工程材料成本大大降低。

# 4 深基坑土钉支护结构的参数优化

## 4.1 概　　述

在深基坑开挖过程中，土钉支护已成为继排桩支护、连续墙支护、锚杆支护之后又一项成熟的支护技术。它经济可靠，施工快速简便，而得到迅速推广和应用[138]。土钉支护技术的思想渊源可追溯到 20 世纪 60 年代初奥地利学者 Rabcewica 等人提出的新奥地利隧道施工法（简称新奥法，NATM）。这一施工方法是将喷射混凝土技术和全长粘结式注浆锚杆结合起来，在隧道开挖后立即支护，从而使隧道周围形成一柔性的被动支护圈，并依此来支护围岩。1972 年，法国承包商 Bouygues 首次将新奥法成功地应用于法国凡尔赛附近铁路路基边坡开挖工程中，取得了圆满成功。此后，土钉技术在法国很快得到推广应用，并同时开展了一些基础性的试验研究。1986 年，法国在其国家建筑与公共工程试验中心（CEBTP）进行了三个大型的土钉墙试验，研究结果表明[12,139]：

（1）土钉在使用过程中主要受拉，拉力沿长度变化，最大值在中间部位；

（2）土钉在面层处受拉力减小，且随开挖深度增加而降低；

（3）土钉抗剪性能只在临近破坏时才起作用，并且破坏时的抗剪强度对支护承载能力的提高贡献甚少，但对防止快速破坏有好处；

（4）施工过程中每步开挖深度对于支护结构的稳定性有着至关重要的影响；

（5）极限平衡分析方法能较好地估计土钉极限承载能力。

在德国，土钉墙是基于挡土墙而发展起来的。从 20 世纪 50 年代末期到 60 年代间，通过土层锚杆的使用发展了背拉式锚杆挡土墙，并在填方工程中，出现了具有良好经济效果的加筋土墙。于是，在 70 年代初期便自然而然产生了与加筋土墙建造顺序相反的土钉支护技术。从 1970 年开始，德国对土钉支护技术进行了为期四年的系统研究，承包商 Karl Bauer 联合 Karlsruhe 大学的岩土力学研究所，在砂土中进行了 7 个大型足尺试验和许多模型试验，测得大量现场和室内实验数据，最终分析得到如下几点结论[12,139]：

（1）土钉支护结构工作性能类似于重力式挡土墙；

（2）在一般砂、黏土中，土钉长度可为墙高的 0.5 ~0.8 倍；

（3）面层压力可假定均布，大小约为库仑主动土压力的 0.4 ~0.7 倍。

此外，美国、英国、加拿大、西班牙、巴西、匈牙利、日本等国也进行了土钉支护技术的研究和开发工作，从而使这项技术得到了发展和推广。

我国对土钉技术研究较早的是太原煤矿设计院王步云等人，他们在 1980 年将土钉用于山西柳湾煤矿边坡加固，并进行了试验研究。此后，随着我国高层建筑的发展，土钉支护广泛应用于深基坑开挖支护工程中。近年来，原冶金部建筑研究总院、北京工业大学、清华大学、广州军区建筑工程设计院和总参工程兵三所等单位，在土钉墙的研究和开发应用方面做了不少工作。北京、深圳、广州、长沙、武汉、石家庄、成都等地的基坑工程较广泛地应用了土钉支护技术。与国外相比，虽然我国起步较晚，但发展之快及应用之广令世界瞩目，并在实践中取得了一些独特的成就，主要表现在以下几个方面：

（1）为了防止地下水降低，引起周围构造物沉降，开发了一种将土钉墙和止水帷幕相结合的止水型土钉墙；

（2）对于难于成孔的砂层和软土地层，开发了一种打入式注浆钉；

（3）为了限制土钉墙位移，开发了土钉墙与预应力锚杆联合使用的支护体系。

尽管各国在后来的试验研究和工程实践中，积累了较多的现场和室内试验数据，但所得结果都基本上与法国和德国的大型模型试验结果相符。这样，法国和德国的试验以及各国获得的现场测试结果，就构成了发展土钉墙各种设计理论和计算方法的实验基础。

土钉支护之所以被广泛用于深基坑支护，是因为其具有如下鲜明的特点：

（1）土钉支护是一种原位加筋技术，它通过土钉在土中所起的骨架作用，传递、扩散并最终均衡因外载和自重产生的应力，让土钉和土体共同协调工作，充分调动和利用土体的自承能力，改变土坡的变形与破坏形态，从而提高土坡的整体稳定性；

（2）结构轻型，柔性大，有良好的抗震性和延性，如 1989 年美国加州 7.1 级地震中，震区内有 8 个土钉墙，估计遭到 $0.4g$ 水平地震加速度作用，均未出现任何损害迹象，其中 3 个位于震中 33km 范围内；

（3）施工速度快，施工设备简单，操作方便，施工作业对周围环境干扰小；

（4）利于信息化施工，一旦发现险情，容易补救，可防止大事故发生；

（5）工程造价低，据国内外资料分析，土钉墙支护工程造价比其他支护类型的工程造价低 1/3 左右。

尽管土钉支护有许多优点，但也有其缺点和局限：

（1）需要一定的地下空间，对紧邻地下管线的基坑不宜使用；

（2）由于钉-土间必须有一定位移土钉才能发挥作用，因此与桩墙式支护结构相比，变形相对较大，这在易产生蠕变的地层中尤其明显；

（3）对开挖和支护时间与流程要求较严，否则将导致基坑变形过大甚至失事；

（4）在软土地区使用不能体现其经济性，同时变形也难以满足要求。

## 4.2 影响基坑支护设计的主要影响因素

基坑支护工程具有高度的复杂性，它受到多种因素的影响和约束且各个因素之间的关系通常不为人们所了解。因此，在优化分析中必须对可能影响工程的因素进行筛选、分析和量化。影响基坑支护工程的有代表性的因素可归纳为三类：环境因素、力学因素、技术因素。

### 4.2.1 环境因素

影响基坑方案设计的环境因素有：建筑用地、地质条件、地下水、建筑因素、卸荷方式等。

#### 4.2.1.1 建筑用地

从高层建筑用地的地理位置和环境考虑，在进行支护工程设计和施工时应注意以下两点：

（1）高层建筑多处市中心，场地周围建筑物密集，地下管线多，限制了基坑的放坡，往往需要垂直开挖。在开挖中，应注意到边坡侧移和地面沉降对周围建筑物和地下设施安全构成的潜在威胁。

（2）在城市中，环保要求较高，选择支护方案时，应考虑到支护工程施工产生的振动、噪声、泥浆、化学浆液等对城市功能正常运行的影响。

#### 4.2.1.2 地质条件

充分了解基坑所在场地的地层岩性的分布特征、力学性状、场地景观等是进行方案设计的第一步。

例如，若场地有足够的空间，则采取放坡或局部放坡，就可以极大地减小作用在支护结构上的土压力，甚至还可以不用设置支挡构筑物。

场地岩土特性是确定支护结构形式的一个重要因素，各种支护施工技术都有其特定的适用条件，也就隐含着对地质条件的要求，把握好地质条件也就为选择合适的施工技术提供了保证。例如，当场地的地下水水位埋藏较浅且水量较大时，采用人工挖孔桩就不如钻孔灌注桩适宜，前者遇到降水及护壁的困难会更大，稍有不慎还可能导致无法施工。

了解场地的地质条件，不仅仅限于基坑范围，还涉及对周边场地的了解。例如，是否可选用外降水方案就与场地周边的地质环境相关，是否可采用锚喷方案以及锚杆的长度等就与邻近场地的地层岩性特征相关。

### 4.2.1.3　建筑因素

拟建建筑物的基础工程与支护工程共生在同一个场地，二者之间是可以相互发生作用的。如果从支护工程的角度分析这种作用，则存在两个方面：干扰性和可利用性。

干扰性是指由于基础工程与支护工程都以土体作为支撑介质且互相邻近，在工程实施时就会对土体产生扰动，而扰动又会由土体传播给对方，由此形成扰动作用。例如，若工程桩是打入式的（钢管桩、钢筋混凝土预制桩），则必然会对土体产生侧向挤压力，当作用力传至围护工程的结构时，就有可能使结构开裂而影响其安全运营。

可利用性是指用基础工程作为支护工程的支撑体，既可以增加支护工程的安全性又可以节约支护费用。如用工程桩作为支护内支撑的受力端，将基础底板适度扩展并与围护结构连为一体使支撑结构的抗倾倒能力增大。

因此，基础设计不能孤立地只设计基础结构本身而不考虑与支挡结构的相互影响，反之，基坑支护结构设计也要充分利用基础结构的现有条件，以降低支护工程的造价。

### 4.2.1.4　卸荷方式

基坑开挖，实际上是一种卸荷作用。这种作用扰动了场地初始应力场，土体的形变场也就随之调整。控制卸荷方式及卸荷速率，就可以控制基坑边坡土体变形量与方式。后者与支护工程的结构及支护结构强度有着密切的关系。

对于大型基坑，挖方量极大，如果全面开挖，则基坑周边暴露的时间就很长，将产生过量变形。若依靠提高支护作用力来抵御这部分变形，则必然要扩大支护结构的尺寸，由此增加了支护的费用。如果采取"大基坑小开挖"，"盆式开挖"，分段开挖等卸荷方式，基坑周边的暴露时间缩短，作用在支护上的土压力必然减少，这对于降低支护工程造价，提高支护结构的稳定性都是有利的。

## 4.2.2　力学因素

　　这里所指的力学因素主要是指作用在支护结构上的压力的确定及其相关的计算参数取值方面的问题，以及与之有关的影响因素。

　　在支护工程设计中，必然涉及支护结构的嵌固深度、支护单元的平面布设等内容，而这些与基坑边坡土压力的大小和分布密切相关。力学因素在两个方面干扰方案的设计。

### 4.2.2.1　对土压力估计不足使结构失稳

　　土压力实质上是土体变形的产物，对土压力计算偏小又是因为对土体变形的范围认识不全。最容易被忽略的是场地是否存在多个滑动面的问题。大多数支护结构失稳是由于坑内侧被动土压力值偏小，基坑边坡土体从坑底挤出，使支护结构与土体发生整体位移。当建筑场地存在多层力学性状软弱的淤泥或淤泥质土层时，土体极易沿软弱层发生塑性挤出。

　　另一个易被忽视的因素是地下水的作用力。当支护结构外侧的水头压力过高，土体处于饱水状态时，作用在结构上的土压力将骤然增大，因此，采用外降水方案时，降水工作的疏忽会导致结构失稳。

　　对土压力估计偏小，在设计时就会在支护结构的入土深度、结构的配筋、结构的材料强度等方面产生失误。

### 4.2.2.2　对土压力估计过高造成工程浪费

　　在工程实践中，多数工程对土压力的估计是偏大的。究其原因有：现用的朗肯土压力理论未考虑土颗粒间的黏聚力；即使目前引用德国 Blum 理论计算土压力，也只是考虑土体的内摩擦角。这在理论上是忽视了土体是一种结构体，是有着结构强度的介质。这也就是经常遇到的实测土压力值小于其计算值的原因。

对土压力估计过高，另一个重要的原因是土体的力学参数测不准。土体是一个非均质各向异性的自然产物，土工试验的代表性往往是有限的。对于一个经验不足且岩土工程知识欠缺的设计者，往往把一些参数值取得很小，其结果只能是土压力的计算值偏大。

当土压力值偏大时，造成支护结构设计偏于保守，则产生浪费是显然的。然而，有时还会造成支护工程失败。例如，某场地基坑深度仅 6m，并且组成基坑边坡的土层有几米厚的可塑黏土，设计采用人工挖孔桩支护，桩长达 18m。由于场地地下水埋深在 10 ~ 12m 之间，挖孔桩的施工受阻。

## 4.3　土钉墙的土压力计算

根据《基坑土钉支护技术规程》（CECS96∶97）选用经验土压力，自重引起的侧压力峰压 $P_m$ 计算如下：

对于 $\dfrac{c}{\gamma H} \leqslant 0.05$ 的砂土和粉土

$$P_m = 0.5K_a\gamma H \tag{4-1}$$

对于 $\dfrac{c}{\gamma H} > 0.05$ 的一般黏性土

$$P_m = K_a\left(1 - \frac{2c}{\gamma H}\frac{1}{\sqrt{K_a}}\right)\gamma H \leqslant 0.55K_a\gamma H \tag{4-2}$$

式中　$\gamma$——土的重度；

$H$——基坑深度。

黏性土 $P_m$ 的取值应不小于 $0.2\gamma H$，$K_a$ 用下式计算：

$$K_a = \tan^2(45° - \varphi/2)$$

## 4.4 土钉支护结构的局部稳定性验算

### 4.4.1 土钉的总水平拉力确定

根据《建筑基坑支护技术规程》(JGJ120—1999),如图 4-1 所示,土体单位,长度取 1m,得滑裂体的力平衡三角形,类似于库仑土压力的推导方法,由力的平衡条件可得

$$E_a = \frac{1}{2}\gamma H^2 \tan(\theta - \varphi)\left[\frac{1}{\tan\theta} - \tan\left(\frac{\pi}{2} - \beta\right)\right] \tag{4-3}$$

式中,$E_a$ 为土钉的总水平拉力。使 $E_a$ 产生极大值时的破裂角 $\theta = \theta_{cr}$,即为真正的破裂角。

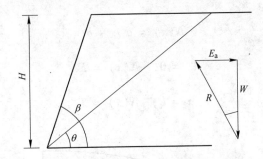

图 4-1  土体受力分析示意图

经大量试算,得到经验公式

$$\theta_{cr} = \frac{\beta + \varphi}{2} \tag{4-4}$$

则
$$E_a = \frac{1}{2}\zeta K_a H^2 \tag{4-5}$$

式中

$$\zeta = \tan\frac{\beta - \varphi}{2}\left(\frac{1}{\tan\frac{\beta + \varphi}{2}} - \frac{1}{\tan\beta}\right) \Big/ \tan^2\frac{\pi - \varphi}{2} \qquad (4\text{-}6)$$

$$K_a = \tan\left(\frac{\pi - \varphi}{2}\right) \qquad (4\text{-}7)$$

### 4.4.2  土钉轴力的弹塑性分析

#### 4.4.2.1  主动区土钉段变形的计算模型

对于处于主动区土体内土钉段来说，与支护面层相接处受集中力 $F$，临界滑裂面处作用有最大轴力 $T$，从 $F$ 到 $T$ 的过渡是由主动区钉土间剪阻力来实现的。为简单起见，如图 4-2 所示，采用式 (4-8)～式(4-10)来模拟该段土钉力的分布[140]。

$$N(x) = a\sqrt{x} + b \qquad (4\text{-}8)$$

$$x = 0, \quad N(x) = F \qquad (4\text{-}9)$$

$$x = l_f, \quad N(x) = T \qquad (4\text{-}10)$$

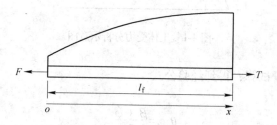

图 4-2  主动区土体土钉段轴力分布示意图

由该段的轴力分布函数，经过简单的运算即可得到该段的剪阻

力分布函数 $\tau(x)$。记该段产生的拉伸变形量为 $w$，则

$$w = \int_0^{l_t} \frac{N(x)}{EA} dx \qquad (4\text{-}11)$$

$$E = \frac{E_s A_s + E_c A_c}{A} \qquad (4\text{-}12)$$

式中　$E$——土钉等效弹性模量；

$E_s$——土钉筋体弹性模量；

$A_s$——土钉筋体截面面积；

$E_c$——注浆材料弹性模量；

$A_c$——浆体截面面积；

$A$——土钉截面面积。

### 4.4.2.2　土钉轴力的计算

锚固段土钉将轴力扩散到稳定区土体中，是通过锚固段钉土间剪阻力的发挥来实现的，而钉土间剪阻力的发挥取决于钉土间相对位移。

如图 4-3 所示，建立了土钉抗拔试验模型，钉土间的剪阻力 $\tau$ 和钉土间相对位移 $u$ 成正比，当钉土间相对位移达到一定值时，剪阻力达到最大值并保持不变[141]。

$$\tau_x = k u_x \qquad (u_x \leqslant u_p) \qquad (4\text{-}13)$$

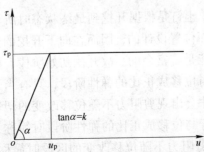

图 4-3　土钉抗拔试验中土钉剪阻力与相对位移关系曲线

$$\tau_x = ku_{\mathrm{p}} = \tau_{\mathrm{p}} \qquad (u_x > u_{\mathrm{p}}) \tag{4-14}$$

式中　　$\tau_{\mathrm{p}}$——峰值剪应力；

$u_{\mathrm{p}}$——达到峰值剪应力时所需的最小位移；

$u_x$——土钉 $x$ 断面处的位移；

$k$——剪切变形系数，其值与土体性质、土钉表现的特性、
土钉上部的垂直应力大小等因素有关，可根据实测资
料由下式计算：

$$k = \frac{\sum_{i=1}^{n-1} \Delta F_i \cos\alpha / (\Delta u_i l \pi D)}{n-1} \tag{4-15}$$

$n$——试验加载次数；

$\Delta F_i$，$\Delta u_i$——分别为相邻两次荷载增量值与钉头位移增量值；

$\alpha$——土钉的倾角；

$l$——土钉抗拔长度；

$D$——土钉孔径。

实际工作状态下，土钉稳定区土体在向周围土体扩散应力的同
时会引起周围土体的变形。为简化计算，同时又不致引起太大的误
差，忽略稳定区土体的变形，由此引起的误差近似认为在由抗拔试
验确定的剪切变形系数 $k$ 中已得到补偿。据此可推导出正常工作状
态下，稳定区土体中土钉锚固段的截面位移、轴力分布及钉土间剪
阻力分布函数等。

实际工程中，土钉是根据开挖到最终状态时所计算的土钉最大
轴力及临界滑裂面位置设计的，因而在向下开挖的前几个工况，土
钉的锚固长度可能是有富余的。故开挖初始阶段，稳定区土钉锚固
段剪阻力均处于与位移成正比的弹性阶段，只有当开挖到足够深度
时，土钉锚固段才会出现剪阻力不随位移改变的塑性段。将土钉锚
固段剪阻力均处于与位移成正比的弹性阶段时简称为弹性阶段，将
土钉锚固段出现剪阻力不随位移改变的区段时简称为弹塑性阶段。
下面分两种情况分别讨论。

**A　弹性阶段土钉最大轴力与土钉变形关系**

如图 4-4 所示，取锚固段土钉距临界滑移面最近的拉力零点为坐标原点，滑移面距坐标原点为 $l_e$，该处土钉拉力最大，记为 $T$，位移记为 $\delta$。土钉开始受力时锚固区段可能有富余，轴力为零的点不一定出现在土钉末端，即 $l_e \leqslant l_a$，$l_a$ 为土钉锚固段总长度[141]。

将土钉任一截面的位移 $u_x$ 分为弹性位移 $s_x$ 和刚体位移 $u_g$ 两部分，即

$$u_x = s_x + u_g \qquad (4\text{-}16)$$

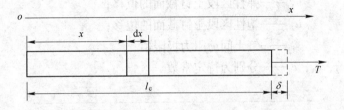

图 4-4　弹性阶段土钉锚固段变形计算示意图

经过数学推导可得

$$u_x = \frac{\delta \mathrm{ch}mx}{\mathrm{ch}ml_e} \qquad (4\text{-}17)$$

$$N_x = EAm\delta\frac{\mathrm{sh}mx}{\mathrm{ch}mx} \qquad (4\text{-}18)$$

$$T = EAm\delta\frac{\mathrm{sh}ml_e}{\mathrm{ch}mx} \qquad (4\text{-}19)$$

式中　$\delta$——临界滑裂面处土钉截面位移；

　　　$E$——土钉等效弹性模量；

　　　$A$——土钉截面面积；

$$m = \frac{k\pi D}{EA}。$$

**B  弹塑性阶段土钉最大轴力与土钉变形关系**

如图 4-5 所示，假定 $l_e \leqslant x \leqslant l_a$ 段钉土间剪阻力进入塑性阶段，则[145]

$$u_1 = c_1 \operatorname{ch} mx + c_2 \operatorname{sh} mx \qquad (0 \leqslant x \leqslant l_e) \qquad (4\text{-}20)$$

$$u_2 = \frac{x^2}{2}n + c_3 x + c_4 \qquad (l_e \leqslant x \leqslant l_a) \qquad (4\text{-}21)$$

式中    $n = \dfrac{\pi D}{EA}\tau_p$；

  $u_1$——弹性区段土钉截面的位移；

  $u_2$——塑性区段土钉截面的位移；

  $\tau_p$——钉土间剪阻力极限值；

$c_1$，$c_2$，$c_3$，$c_4$——分别为待定常数。

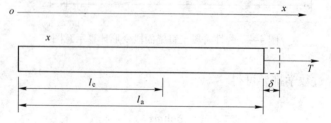

图 4-5  弹塑性阶段土钉锚固段变形计算示意图

应用边界条件得

$$T = \frac{EA\delta}{l_a} + \frac{EAnl_a}{2} + \frac{EAc_4}{l_a} \qquad (4\text{-}22)$$

随着土钉轴力增加，塑性区段从无到有，从外向里（原点）逐渐发展，在弹塑性接点处有

$$u_1(l_e) = u_o = \frac{\tau_p}{k} \qquad (4\text{-}23)$$

式（4-22）和式（4-23）中的 $\delta$ 和 $l_o$ 两个未知数可通过两式联立求解。

## 4.5  土钉支护结构的整体稳定性验算

国内在土钉支护结构整体稳定性分析方面主要有极限平衡法、通用条分法、有限元法等。

### 4.5.1  极限平衡法

极限平衡法是土坡稳定和基坑支护理论较早采用的方法，也是目前土钉支护设计应用最为广泛的方法之一。极限平衡方法的滑移面的形状常假定为双折线、圆弧线、抛物线或对数螺旋线的一种，而且一般假定滑移面的底端通过坡角，另一端与地表相交，每一个可能的滑动面位置对应一个稳定性安全系数，作为设计依据的最危险滑动面具有最小的安全系数。极限平衡分析的目的就是要找出这个最危险滑动面的位置并给出相应的安全系数。

土钉墙整体稳定性分析方法，国内外学者针对不同情况研究出不同的方法，但若按其对破裂面的假定不同，则可分为如下几类。

#### 4.5.1.1  直线型破裂面分析法

假定土钉墙破坏面是从墙体最低位置开始的倾斜面（见图4-6），土钉墙是通过超过滑动面进入稳定土层的土钉对可能滑动的土楔产生锚固力，使潜在滑体得以稳定。这种方法先由德国学者提出，只考虑了土钉的抗拉作用，采用极限平衡法验算土钉墙的内部稳定安全系数。法国的 Schlosser 也曾给出一简化计算方法，认为土钉墙破裂面为直线型，且其滑裂面与水平面的夹角约为 $(\alpha + \varphi)/2$，其中 $\alpha$ 为土钉墙面倾角、$\varphi$ 为土体内摩擦角。

#### 4.5.1.2  折线型破裂面分析法

1980 年，山西太原煤矿设计院王步云等人通过对黄土类粉土与

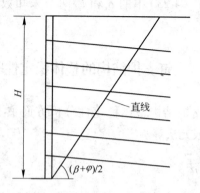

图 4-6    直线型破裂面分析法

粉质黏土土钉墙进行原位试验和分析，认为：土压分布曲线和破裂面形状可简化为如图 4-7 所示形式[142]，由破裂面以外部分的土钉来承受作用于面板上的土压力。

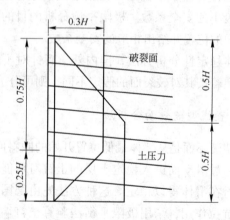

图 4-7    折线型破裂面分析法

### 4.5.1.3    抛物线型破裂面方法

美国加州大学 Davis 分校假定破裂面为抛物线型（见图 4-8），用极限平衡法分析土钉墙内部稳定性，分析时只考虑土钉抗拉作用。后来路易西安那大学 Juran 教授又对该法在土强度参数和土钉抗拔力

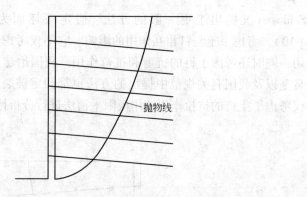

图 4-8　抛物线型破裂面方法

所取分项安全系数上作了改进。

### 4.5.1.4　对数螺旋线型破裂面方法

1989 年 Bridle 提出：假定破裂面为对数螺旋线型（见图 4-9），考虑土钉的抗拉、抗剪和抗弯作用，进行局部稳定性分析和工作应力分析[143]；同时，Juran 等人[144] 给出了一种运动学分析法，破裂面仍为对数螺旋线型，也考虑了土钉的抗剪和抗弯作用。

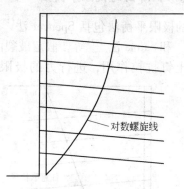

图 4-9　对数螺旋线型破裂面方法

### 4.5.1.5　圆弧形破裂面方法

上述所有极限平衡方法通常都假定土钉只承受拉力。法国

Schlosser 又提出了更一般的方法。假定破坏面为圆弧形（见图 4-10），考虑了土与钉相互作用的影响。它不仅考虑了土钉的抗拉作用，同时还考虑土钉的抗剪和抗弯作用。我国冶建总院杨志银、程良奎以及我国有关规范中提出的方法也都假定破裂面为圆弧形，但仅考虑了土钉的抗拉作用，用极限平衡法进行分析计算。

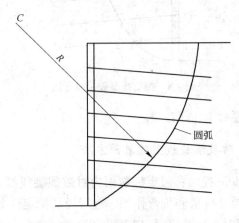

图 4-10　圆弧形破裂面方法

### 4.5.1.6　任意形状滑面的极限平衡法

任意形状滑面的极限平衡法包括 Spencer 法[145]、美国陆军工兵部队法、Janbu 法[146] 和 Sarma 法[147] 等，假定破裂面为任意形状（见图 4-11），仅考虑土钉抗拉作用，进行力的极限平衡总体稳定性

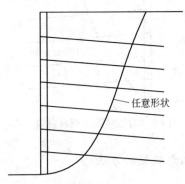

图 4-11　任意形状滑面的极限平衡法

分析。

## 4.5.2 通用条分法

通用条分法是一种边坡稳定性分析的基本方法，也是土钉支护内部稳定性分析最常用的一种方法。在用于土钉支护时，假定破裂面为圆弧形，土体为刚塑性材料。

### 4.5.2.1 通用条分法公式

Morgenstern 和 Price 建立了同时满足力和力矩平衡条件边坡稳定分析的微分方程[148]，而陈祖煜则建立了积分形式的平衡方程[149]。这些方法虽然解决了一些问题，但计算起来却很不方便，由于无法求得解析解，最终还得要化为数值积分（或数值微分）形式来求解。为此，本节拟在它们的基础上，不改变其基本假定，建立便于计算机处理的、同时满足力和力矩平衡条件的边坡稳定性分析通用条分法。

如图 4-12 所示，边坡的坡面和滑动面均为任意形状。将滑动体划分为 $n$ 个垂直条块，并将其中的第 $i$ 条块取为隔离体进行受力分析（见图 4-13），那么作用于条块 $i$ 上的力有：

（1）条块自重力 $W_i$，其作用方向垂直向下并过条块底面中点，作用点为条块重心，与底面中点垂距为 $Z_{wi}$；

（2）水平地震力 $K_c W_i$，$K_c$ 为水平地震影响系数；

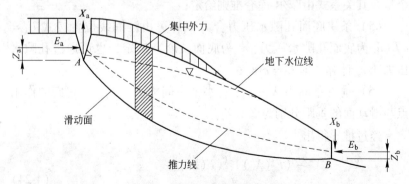

图 4-12　边坡滑面形状

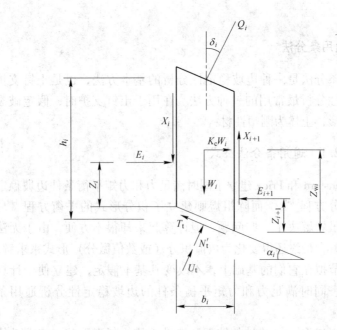

图 4-13　滑体与条块受力分析图

（3）边坡顶面外载合力 $Q_i$，它与垂直线的夹角为 $\delta_i$，由坡面分布荷载和集中荷载合成，其中集中荷载通常为锚杆的加固力，$h_i$ 为条块中线高；

（4）条块底面正应力合力 $N'_t$ 和抗剪力 $T_t$，它们是相互关联的两个量，其关系式由摩尔-库仑准则给定；

（5）条块底面孔隙水压力合力 $U_t$，可由浸润线位置按式 $U_t = u_i l_i$（$u_i$ 为底面孔隙水压力、$l_i$ 为底面长度）确定，也可通过孔隙水压力比 $r_u$ 计算，即 $U_t = r_u W_i$；

（6）垂直条间力 $X_i$，$X_{i+1}$，水平条间力 $E_i$、$E_{i+1}$，它们的作用点与滑动面的垂距分别为 $Z_i$、$Z_{i+1}$。

经过推导得出[150]：

$$X^{k+1} = X^k - (F'(X^k))^{-1}(F(X^k) +$$
$$F(X^k - (F'(X^k))^{-1}F(X^k)))　(k = 0,1,\cdots) \tag{4-24}$$

#### 4.5.2.2　条间力函数的确定

图 4-12 中各条块之间的条间力 $E$ 和 $X$ 存在以下关系[150]：

$$X = \lambda k(s) E \tag{4-25}$$

在式（4-25）中，如何确定其中的条间力函数 $k(x)$，则一直是理论界比较关注的问题。在 Morgenstem-Price 法和 Spencer 法中，通常条间力函数形式假定为半正弦曲线形，也有假定为梯形的。这些假定，虽能满足工程需要，但却缺乏足够的理论依据，主观性和经验性较大。为此，Fan 等人作过较深入的研究，研究结果表明[151]：

（1）条间力函数可以用钟形函数近似；

（2）函数峰值点位置与边坡倾角和滑动面逸出点位置有关，当边坡坡度较缓时，峰值点在滑动面中部，但若边坡较陡且滑动面逸出点位于坡趾或坡面时，则峰值点明显偏向滑体出口端。

图 4-14 所示为条间力函数曲线[150]，为满足不同边坡情况，Fan 等人提出了较为复杂的钟形条间力函数表达式。国内，陈祖煜教授认为条间力函数应使条间力方向与对应的坡面平行[151]，而朱大勇则认为这种限制没有必要，只要条间力函数在宏观上合适，端部条间力方向几乎不影响安全系数，并据此定义了一类形为半正弦函数幂函数形式的条间力函数。综合以上研究成果，则条间力函数为：

$$k(s) = \sin^m(p(s)\pi) \tag{4-26}$$

式中，$m$ 表征条间力函数形状的系数；$p(s)$ 表征峰值点位置的函数，由下式确定

$$p(s) = \begin{cases} \dfrac{s}{2s_p} & 0 \leqslant s \leqslant s_p \\[3mm] \dfrac{1 - 2s_p + s}{2(1 - s_p)} & s_p < s \leqslant 1 \end{cases} \tag{4-27}$$

$s$ 为滑体归一化后的水平坐标；$s_p$ 为峰值点的位置。

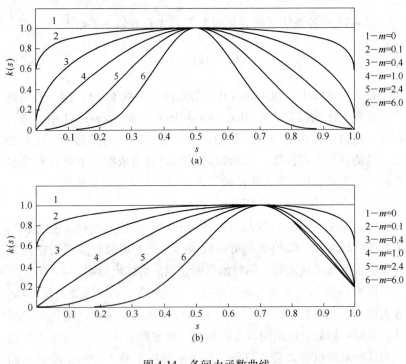

图 4-14 条间力函数曲线

（a）$s_p = 0.5$；（b）$s_p = 0.7$

### 4.5.2.3 边坡体离散格式及滑动面生成

为便于计算机分析计算，边坡滑动面的生成及临界滑动面的搜索通常采用如下策略：

首先，确定出滑动面可能达到的最大范围，并用若干垂直条分线将其剖分成若干条块（见图 4-15），条分线的间距依据问题规模、要求精度和计算能力确定，为便于计算机统一处理，一般取等间距。

然后，在每个条分线上划分若干个节点，其间距可同样取为等间距，但为了提高计算精度，节点间距通常比条分线间距（即条块宽度）要小。

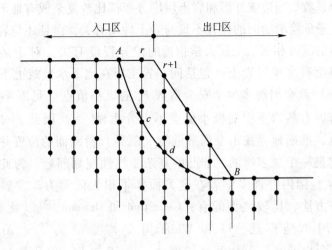

图 4-15 边坡体的离散及滑动面的生成

最后，从入口区某点出发，按照某种判断准则，逐条追踪滑动面最有可能经过的节点（比如从条分线 $r$ 进入条分线 $r+1$，按某种准则最终选择条分线 $r+1$ 上的节点 $d$，得条块底部滑面 $cd$），以生成完整的滑动面（比如 $AB$ 曲线），再利用优化技术，在所有这些滑动面中求出最危险滑动面。

### 4.5.2.4 安全系数

边坡稳定性不仅与人为因素有关，更重要的是与天然物质、土体的性质有着密切的关系。土是由土颗粒、液体、气体组成的三相体系，它的性质既受三相体系的结构和构造的影响，又与其形成过程、应力历史和周围环境有关，这就决定了土体具有复杂多变的特点。因此，边坡稳定性分析这种看似简单的问题其实却存在一定的难度。边坡失稳所造成的灾害在所发生的自然灾害中占有重要的比例，所以边坡稳定性分析与评价一直是岩土和环境工程中重要的研究课题。

在进行边坡稳定性分析时，必须求出最危险滑动面及与之对应的安全系数。当边坡外形和岩土层序分布都比较复杂或有地下水渗流时，最危险滑动面的位置不仅与岩土性质有关，而且还与岩土层的分布情况及相邻岩土层力学指标的差异程度有关。对于某些边坡，可能有多少层岩土（包括同一岩土层在地下水位线上下的不同部分）就会出现多少个安全系数 $F_s$ 的极小值点（见图4-16），尽管有时有些岩土层的极小值点不十分明显[152]。因此，对于复杂边坡，准确地寻找出全局最危险（临界）滑动面的位置并不容易，它是一个含多峰的、非凸的复杂非线性规划问题。为此，近20年来，国内外许多学者在这方面作了很大的努力，发展了多种计算方法，比较典型的有：Cellestino 和 Duncun[153] 以及 Nguyen[154] 用单纯形法、Li 和 White 用交替变量法[155]、Arai 和 Tagyo[156] 以及邹广电用共轭梯度法[157]、Basudhar 等用序列无约束极小化法[158]、江见鲸用二分法[159]、陈祖煜等分别用 Powell 法、负梯度法和 DFP 法[160] 等非线性规划方法来搜索最危险滑动面；Castillo 等[161]、Ramamurthy 等[162] 以及 Narayan 等[163] 则利用变分方法来确定最危险滑动面；而 Baker[164]、Yamagami 等[165] 和朱大勇等[166] 用动态规划法以及 Boutrup[167]、Greco[168] 和

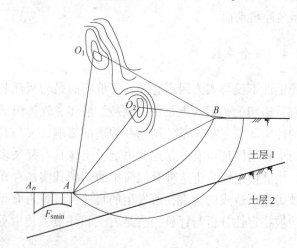

图4-16　不同土层的安全系数 $F_s$ 极小值点

Chen[169]用随机试点法来寻找最危险滑动面。虽然，上述方法被证明对某些边坡问题的处理上实用而有效，但也存在各自的局限性：非线性规划方法只具有局部收敛性，不能保证搜索到全局最优解；动态规划法虽具有全局收敛性能，且有较好的适应性，但它要求所求问题必须满足可分性条件（即目标函数和状态均可分），而对于一些岩土层面、岩土性质和外因条件都很复杂的边坡分析问题却不能保证其满足这两个条件，况且当每个决策阶段所遇到的仍是多极值问题时，其有效性则受到挑战；单纯的随机试点法虽具有搜索到全局最优解的能力，但有一定的盲目性，逼近最优解的精度和搜索效率受到限制。因此，对于较复杂边坡的最危险滑动面的搜索，有必要寻找新的全局收敛能力强且效率相对较高的分析计算方法。

以岩土体为工程材料的边坡，因长期经受多循环的地质作用和人类活动的影响，其组成物质和结构构造都存在不同程度的不均匀性，表现出的工程性质差异很大，这就决定了边坡工程具有不确定性。边坡工程的不确定性因素不但多，而且还难以估计，因为不能完全表征岩土体的工程性质，不能准确地构造工程力学模型，不能充分地预测其作用的条件和效应。所以，传统的安全系数法，在一定程度上难以准确地对较复杂边坡的稳定性做出客观的评价，因为安全系数是一个由确定方法得到的定值，未能考虑分析计算参数中任何内在的变异性，对于同时具有某一安全系数值的不同边坡，其稳定状态可能大不相同（可能是一个稳定，而另一个破坏）。由于确定的安全系数值并不能真正表征边坡的安全程度，所以，有必要考虑边坡分析和设计参数的随机性，应用随机理论对边坡工程的可靠性予以评价。

采用通用条分法，假定滑动面为任意形状，土钉只承受拉力，土条严格满足力和力矩平衡条件。如图 4-17 所示，土钉墙的内部滑动面为任意形状。将滑动体划分为 $n$ 个垂直条块，并取其中的第 1 个条块为隔离体，则作用于第 $i$ 个条块上的力如图 4-18 所示。其中 $R_j$ 为第 $j$ 排土钉提供的锚固力；$\xi_i$ 为条块 $i$ 底面是否遇到土钉的识别

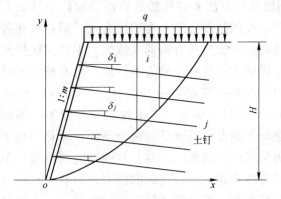

图 4-17　土钉墙的内部滑动面

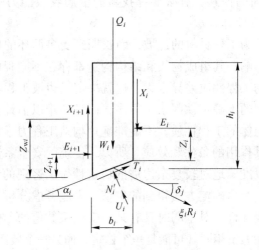

图 4-18　土钉支护抛物线型条分法受力示意图

参数；$\delta_j$ 为第 $j$ 排土钉的倾斜角。则有[159]

$$E_{i+1} = E_i \frac{A_i + \lambda k_i B_i}{A_i + \lambda k_{i+1} B_i} + \frac{(W_i + Q_i)B_i - R_i G_i + D_i}{A_i + \lambda k_{i+1} B_i} \qquad (4\text{-}28)$$

$$M_{i+1} = M_i + \frac{b_i}{2}(\tan\alpha_i - \lambda k_{i+1})E_{i+1} + \frac{b_i}{2}(\tan\alpha_i - \lambda k_i)E_i \quad (4\text{-}29)$$

由边界条件得

$$\begin{cases} E_{n+1} = f_1(\lambda, F_s) = 0 \\ M_{n+1} = f_2(\lambda, F_s) = 0 \end{cases} \tag{4-30}$$

如果给定滑动面的位置和形状，采用上述方法可以顺利地求得边坡安全系数 $F_s$ 值。然而，临界滑动面的搜索是一个复杂的非凸规划问题，必须用具有全局收敛性质的优化方法求解。

正是由于构成边坡的岩土体在空间、时间和工程性质上的变异性，边坡临界滑动面的搜索就演变成为一个复杂的、非线性、非凸规划问题。传统的优化方法，易陷于局部最优解，难以搜索到真正的最危险滑动面。

### 4.5.3　有限元法

美国加州大学 Davis 分校沈智刚等人、Shafiee 和 Plamalle 等人以及我国清华大学宋二祥等人均曾用有限元法来分析土钉支护的工作性能[150]。此法可以计算出土钉产生的最大拉力和土钉墙应力，也能计算土钉墙的位移，但预测的变形准确性不高，需要原始参数较多。

### 4.5.4　土钉支护结构的设计流程

因施工设备的限制，目前我国深基坑土钉支护中大都采用注浆土钉，因此，以下只讨论注浆土钉支护技术。注浆土钉支护结构设计流程如下[150]：

（1）对场地进行工程和水文地质调查，获取符合工程实际的设计计算参数。

（2）确定土钉墙的结构形状和尺寸（如墙面倾角 $\alpha$，墙高 $H$ 等）、分段施工长度与高度，分段施工长度多为 10m，分段施工高度取决于土体自立能力。

（3）确定土钉长度 $L$、水平和竖向间距 $S_h$ 和 $S_v$、孔径 $D$、钢筋直径 $d$ 以及土钉倾角 $\varphi$ 和土钉布局等。

（4）设计面层和注浆参数。面层设计包括喷射混凝土厚度、钢筋网钢筋的直径和间距、土钉与面层的连接方式和构造设计，注浆参数设计包括注浆材料、注浆体强度、注浆方式以及注浆压力等。

（5）土钉墙墙体抗滑移、抗倾覆以及地基承载力和深部土体抗滑动稳定性满足要求否，是则转入（6），否则转入（2）。

（6）土钉墙内部稳定性及土钉抗拔力（包括单根土钉抗拔力和总抗拔力）满足要求否，是则转入（7），否则转入（2）。

（7）变形预测及对环境影响评价是否满足要求，是则转入（8），否则转入（2）。

（8）施工图设计及其说明，以及现场监测和质量控制设计。

从上述流程中可以看出，土钉支护结构设计的核心内容是土钉墙的内、外部稳定性分析计算。

## 4.6　优化设计模型的建立

### 4.6.1　目标函数

取单位长度土钉墙材料造价为目标函数，$1m^3$ 的水泥砂浆价格为 1，土钉钢筋与水泥砂浆价格比为 $a$，则目标函数为

$$\text{minCost} = \left[ \sum_{i=1}^{N} \frac{\pi}{4}(D^2 - d^2) l_i + a \sum_{i=1}^{N} \frac{\pi}{4} d^2 l_i \right] \Big/ S_h$$

$$(i = 1, 2, \cdots, N) \tag{4-31}$$

式中　$N$——土钉道数；

　　　$d$——土钉直径；

　　　$D$——土钉孔径；

　　　$l_i$——第 $i$ 道土钉长度；

　　　$S_h$——土钉水平间距。

### 4.6.2　优化设计变量

优化设计变量的选取原则，应该选取那些对目标函数值影响大，而且一般设计者不易掌握得很准的设计参数，作为优化过程中的设

计变量，而将另一些设计者凭经验就可以解决或根据规范、地质条件和其他要求就能确定的参数作为参量，预先固定下来。其基本思想是突出主要矛盾，简化优化过程。优化设计变量有：土钉道数 $N$、土钉直径 $d$、土钉长度 $L$、土钉水平间距 $S_h$、土钉竖向间距 $S_v$、土钉倾角 $\theta$。

$$N = [n_1, n_2, \cdots, n_{m-1}, n_m] \tag{4-32}$$

$$d = \begin{bmatrix} d_{11} & d_{12} & \cdots & d_{1c} \\ d_{21} & d_{22} & \cdots & d_{2c} \\ \vdots & \vdots & & \vdots \\ d_{N1} & d_{N2} & \cdots & d_{Nc} \end{bmatrix} \tag{4-33}$$

$$L = \begin{bmatrix} l_{11} & l_{12} & \cdots & l_{1e} \\ l_{21} & l_{22} & \cdots & l_{2e} \\ \vdots & \vdots & & \vdots \\ l_{N1} & l_{N2} & \cdots & l_{Ne} \end{bmatrix} \tag{4-34}$$

$$S_h = [S_{h1}, S_{h2}, \cdots, S_{hf}] \tag{4-35}$$

$$S_v = [S_{v1}, S_{v2}, \cdots, S_{vg}] \tag{4-36}$$

$$\theta = [\theta_1, \theta_2, \cdots, \theta_{q-1}, \theta_q] \tag{4-37}$$

式中　$m$——土钉道数可取值个数；

　　　$c$——每道土钉直径可取值个数；

　　　$e$——每道土钉长度可取值个数；

　　　$f$——土钉水平间距可取值个数；

$g$——土钉竖向间距可取值个数；

$q$——土钉倾角可取值个数。

### 4.6.3　约束条件

约束条件包括：

$$g[i] = [\sigma_i] - \sigma_i \geqslant 0 \quad (i = 1,2,\cdots,N) \tag{4-38}$$

式中　$[\sigma_i],\sigma_i$——土钉 $i$ 的许用应力和在各种工况下最不利的应力。

式(4-38)为土钉强度约束条件。

$$g[i] = \frac{\mu(G + qB)}{E_a} - 1.2 \geqslant 0 \quad (i = N + 1) \tag{4-39}$$

式中　$\mu$——土钉墙底面与土体之间的摩擦系数；

$G$——土钉墙单位长度自重；

$q$——地面均布超载；

$B$——土钉墙等效宽度，取底部土钉的水平投影长度；

$E_a$——单位墙长土压力。

式(4-39)为抗滑移稳定性约束条件。

$$g[i] = \frac{(G + qB) \cdot B/2}{E_a \cdot H/3} - 1.3 \geqslant 0 \quad (i = N + 2) \tag{4-40}$$

式中　$H$——开挖深度。

式(4-40)为抗倾覆稳定性约束条件。

$$\begin{cases} g(i) = f - p \geqslant 0 \\ g(i + 1) = 1.2f - p_{\max} \geqslant 0 \end{cases} \quad (i = N + 3) \tag{4-41}$$

式中　$p$——土钉墙平均压力；

$p_{\max}$——土钉墙最大压力；

$f$——土钉墙底面地基承载力设计值。

式(4-41)为地基承载力约束条件。

$$g(i) = \frac{\sum[(W_r + Q_r)\cos\alpha_r\tan\varphi_j + c_j(\Delta_r/\cos\alpha_r)]}{\sum[(W_r + Q_r)\sin\alpha_r]} - [F_a] \geqslant 0$$

$$(i = N + 5) \qquad (4-42)$$

式中  $W_r$，$Q_r$——分别为作用于土条 $r$ 的自重和地面、地下荷载；

$\alpha_r$——土条 $r$ 圆弧破坏面切线与水平面的夹角；

$\Delta_r$——土条 $r$ 的宽度；

$\varphi_j$——土条 $r$ 圆弧破坏面所处第 $j$ 层土的内摩擦角；

$c_j$——土条 $r$ 圆弧破坏面所处第 $j$ 层土的黏聚力；

$[F_a]$——深部整体圆弧滑动安全系数要求值，当基坑深度小于 6m 时，取值为 1.2；当深度为 6~12m 时，取值为 1.3；当深度大于 12m 时，取值为 1.4。

式(4-42)为深部整体圆弧破坏面失稳的约束条件。

$$g(i) = \sum[(W_r + Q_r)\cos\alpha_r\tan\varphi_j + (R_k/S_{hk})\sin\beta_k\tan\varphi_j +$$

$$c_j(\Delta_r/\cos\alpha_r) + (R_k/S_{hk})\cos\beta_k]/$$

$$\sum[(W_r + Q_r)\sin\alpha_r] - [F_a] \geqslant 0 \quad (i = N + 6)(4-43)$$

式中  $S_{hk}$——第 $k$ 排土钉的水平间距；

$\beta_k$——第 $k$ 排土钉轴线与该处破坏面切线之间的夹角；

$R_k$——破坏面上第 $k$ 排土钉的最大抗力。

式(4-43)为土钉支护的内部整体稳定性约束条件。

## 4.7  工程实例

沈阳玉麟花园基坑（见图4-19）开挖深度为7.5m，坑壁坡角为

78.70°。基坑开挖深度内各土层物理力学指标如表4-1所示。根据场地工程地质条件和周围环境情况，设计采用土钉墙方案。土钉及混凝土面层设计参量的选取按原设计，如表4-2、表4-3所示。地表平均附加荷载取15kN/m²。

图 4-19　玉麟花园土钉支护现场

**表 4-1　基坑开挖深度内各土层物理力学指标**

| 层号 | 厚度/m | 内聚力/kPa | 内摩擦角/(°) | 重度/kN·m⁻³ |
|------|--------|-----------|-------------|-------------|
| 1 | 1.8 | 10.0 | 15.0 | 18.0 |
| 2 | 0.5 | 5.0 | 5.0 | 17.0 |
| 3 | 3.3 | 23.7 | 31.5 | 18.7 |
| 4 | 1.9 | 12.0 | 30.7 | 18.5 |

**表 4-2 土钉墙设计参量**

| 土钉入射角度 /(°) | 各道土钉超挖 /m | 土钉钢筋等级 | 土钉墙基底摩擦系数 | 土钉局部稳定安全系数要求值 | 土钉墙基底地基承载力标准值 /kPa | 土钉钢筋与水泥砂浆价格比 |
|---|---|---|---|---|---|---|
| 5 | 0.5 | 2 | 0.4 | 1.2 | 160 | 10 |

**表 4-3 混凝土面层设计参量**

| 混凝土面层厚度/mm | 混凝土面层强度等级 | 钢筋网的钢筋直径/mm | 钢筋网的网格尺寸/mm | 面层插入基坑底深/m |
|---|---|---|---|---|
| 100 | C20 | 6.5 | 200 | 0.2 |

在原设计中，根据以往工程类似土钉拉拔试验并综合考虑各土层性质，对各土层土钉抗拔力均取 12 kN/m。将此换算成土钉与土体界面粘结强度标准值为 38.2 kPa，一般情况下可取界面粘结强度标准值为现场实测平均值的 0.8 倍，故取 30.56 kPa[170]。土钉墙各参数变量的可取值如下：$N = [3, 4, 5, 6, 7, 8]$；$d = [16, 17, 18, 19, 20, 21, 22, 23, 24, 25, 26, 27, 28, 29, 30, 31, 32, 33]$（mm）；$S_h = [1.0, 1.1, 1.2, 1.3, 1.4, 1.5, 1.6, 1.7, 1.8, 1.9, 2.0]$（m）；$S_v = [1.0, 1.1, 1.2, 1.3, 1.4, 1.5, 1.6, 1.7, 1.8, 1.9, 2.0]$（m）；$L = [6.0, 6.1, 6.2, 6.3, 6.4, 6.5, 6.6, 6.7, 6.8, 6.9, 7.0, 7.1, 7.2, 7.3, 7.4, 7.5, 7.6, 7.7, 7.8, 7.9, 8.0, 8.1, 8.2, 8.3, 8.4, 8.5, 8.6, 8.7, 8.8, 8.9, 9.0]$（m）；$\theta = [0, 1, 2, 3, 4, 5, 6, 7, 8, 9, 10, 11, 12, 13, 14, 15, 16, 17, 18, 19, 20, 21, 22, 23, 24, 25]$（°）。使用 IHGA 对土钉墙各参数变量进行优化设计，优化结果对比见表 4-4。

### 表4-4 优化设计结果与原设计的对比

| | 设计变量 | | | | | | | | | | | |
|---|---|---|---|---|---|---|---|---|---|---|---|---|
| | 原 设 计 | | | | | | 优化设计结果 | | | | | |
| $i$ | $D_i$ /mm | $d_i$ /mm | $S_{hi}$ /m | $S_{vi}$ /m | $L_i$ /m | $\theta_i$ /(°) | $D_i$ /mm | $d_i$ /mm | $S_{hi}$ /m | $S_{vi}$ /m | $L_i$ /m | $\theta_i$ /(°) |
| 1 | 100 | 48 | 1.0 | 1.5 | 7 | 5 | 100 | 17 | 1.3 | 1.6 | 8.6 | 6 |
| 2 | 100 | 25 | 1.1 | 1.1 | 8 | 5 | 100 | 20 | 1.3 | 1.4 | 8.3 | 6 |
| 3 | 100 | 25 | 1.1 | 1.1 | 8 | 5 | 100 | 23 | 1.3 | 1.2 | 7.5 | 6 |
| 4 | 100 | 25 | 1.1 | 1.1 | 8 | 5 | 100 | 21 | 1.3 | 1.3 | 6.9 | 6 |
| 5 | 100 | 25 | 1.2 | 1.1 | 9 | 5 | 100 | 18 | 1.3 | 1.5 | 6.3 | 6 |
| 6 | 100 | 25 | 1.2 | 1.1 | 9 | 5 | | | | | | |
| minCost | 0.5377 | | | | | | 0.3084 | | | | | |

约束条件 $g[1] = 106.194\,\mathrm{MPa}$；$g[2] = 62.198\,\mathrm{MPa}$；$g[3] = 30.965\,\mathrm{MPa}$；$g[4] = 83.679\,\mathrm{MPa}$；$g[5] = 124.634\,\mathrm{MPa}$；$g[6] = 1.32$；$g[7] = 7.22$；$g[8] = 21.38\,\mathrm{kPa}$；$g[9] = 15.71\,\mathrm{kPa}$；$g[10] = 0.13$；$g[11] = 0.04$。可见，IHGA 的优化结果满足应力、地基承载力和各种稳定性等约束条件，表明强度、稳定性等多方面均达到设计要求，而工程材料成本降低42.64%，表明优化效果十分显著。

## 4.8 小 结

土钉支护是一种经济、可靠的深基坑开挖支护或边坡加固的新的挡土技术，目前采用的计算方法都是建立在以往工程经验的基础之上，造成了工程材料的明显浪费。通过引入多个约束条件建立了深基坑土钉支护参数优化模型，并采用自行开发的 IHGA 对深基坑土钉墙的土钉道数、土钉直径、土钉长度、土钉水平间距、土钉竖向间距和土钉倾角等重要参数进行优化设计。工程实例的结果表明这种 IHGA 的优化设计结果不仅保证了深基坑的稳定性，而且使其工程材料成本大大降低。

# 5 深基坑水泥土墙支护结构的参数优化

## 5.1 概　述

　　水泥土墙支护结构是近年来发展起来的一项新技术，它是利用水泥土搅拌桩（厚墙）的整体性、水稳性和一定的强度来发挥其支护功能。这种支护结构因其具有施工操作简便、工期短、造价低、能隔水防渗等优点，近几年来被广泛用于 5~7m 的软土地区深基坑支护工程中[171]。随着城市的发展，高层建筑日益增多，深基坑支护问题越发突出，引起了工程技术人员的广泛重视。选择既能满足深基坑开挖的需要，又能节约资金，且达到环保要求的方案，为设计人员的首选；同时随着人们对水泥搅拌桩研究的深入，以及施工工艺的不断成熟，水泥土墙技术在工程中得到广泛应用[172]。我国的《建筑基坑支护技术规程》（JGJ120—1999）[82] 已就其设计计算等问题做了有关规定，但在实际工程中，由于已有的设计方法多为试算校核法，因此设计计算中存在不同程度的盲目性和随意性。综上所述，对水泥土墙支护结构进行优化设计是很有必要的。但目前采用优化方法对其进行设计的研究很少。陈明中等[173]曾采用简约梯度法进行优化计算，取得了较理想的结果。但简约梯度法是传统的局部最优解搜索算法，不能保证搜索到问题的全局最优解，而且还需要导数信息。对于复杂的目标和约束函数求导会遇到困难，有的甚至不可能完成，而且文献［173］在表述约束条件时是针对单一均质土层，若为多层土，其表达式就会复杂得多。另外，张冬梅和王箭明[174]采用正交试验法对水泥土墙支护结构优化问题进行了探讨，但是对正交试验的变量取值不连续，这样可能会遗漏最优的设计结果。本书对水泥土墙支护结构的优化设计作了进一步探讨，力求获得技术可靠、经济合理的设计方案。

## 5.2 水泥土墙支护结构受力计算

水泥土墙支护结构属于重力式支护结构，以自重来平衡水土压力，使支护结构保持稳定，从而确保地下工程施工的顺利进行。由于水泥土是一种具有一定刚性的脆性材料，抗压强度远大于抗拉强度，设计时可按重力式挡土墙考虑，但又由于它与一般重力式挡土墙相比，埋置深度相对较大，而桩体本身刚性不大，实际工程中变形也较大。因此，为安全起见，可沿用重力式挡土墙方法验算其抗倾覆、抗滑移稳定性、整体稳定性。对于水泥土墙支护结构，作用于挡墙上的水土压力，按现行规范计算[82]。

### 5.2.1 土压力系数计算

计算中，主要涉及桩墙前后侧的被动土压力和主动土压力。因此，首先对土压力系数进行计算。

（1）挡墙外侧第 $i$ 层土主动土压力系数为

$$K_{ai} = \tan^2\left(\frac{\pi}{4} - \frac{\varphi_{ai}}{2}\right) \tag{5-1}$$

式中 $K_{ai}$——墙后第 $i$ 层土的主动土压力系数；

$\varphi_{ai}$——墙后第 $i$ 层土的内摩擦角。

（2）挡墙内侧第 $i$ 层土被动土压力系数为

$$K_{pi} = \tan^2\left(\frac{\pi}{4} + \frac{\varphi_{pi}}{2}\right) \tag{5-2}$$

式中 $K_{pi}$——墙后第 $i$ 层土的被动土压力系数；

$\varphi_{pi}$——墙前第 $i$ 层土的内摩擦角。

### 5.2.2 水平荷载计算

支护结构水平荷载标准值 $e_{ajk}$ 应按当地经验确定，当无经验时，如图 5-1 所示，可按下列规定计算。

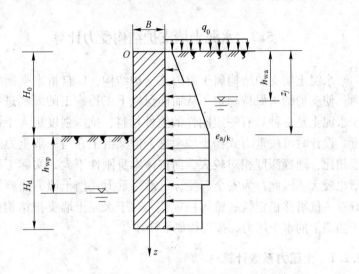

图 5-1  水平荷载计算简图

（1）对于碎石土及砂土，$e_{ajk}$ 计算如下：

1）当计算点位于地下水位以上时

$$e_{ajk} = \sigma_{ajk}K_{ai} - 2c_{ik}\sqrt{K_{ai}} \tag{5-3}$$

2）当计算点位于地下水位以下时

$$e_{ajk} = \sigma_{ajk}K_{ai} - 2c_{ik}\sqrt{K_{ai}} + \big[(z_j - h_{wa}) -$$

$$(m_j - h_{wa})\eta_{wa}K_{ai}\big]\gamma_w \tag{5-4}$$

式中    $K_{ai}$——第 $i$ 层的主动土压力系数；

$\sigma_{ajk}$——作用于深度 $z_j$ 处的竖向应力值；

$c_{ik}$——三轴试验（当有可靠经验时可采用直接剪切试验）确定的第 $i$ 层土固结不排水（快）剪黏聚力；

$z_j$——计算点深度；

$m_j$——计算参数，当 $z < h$ 时，取 $m_j$，当 $m_j > h$ 时，取 $h$；

$h_{wa}$——基坑外侧地下水位深度；

$\eta_{wa}$——计算系数，当 $h_{wa} \leqslant h$ 时，取 1，当 $h_{wa} > h$ 时，取 0；

$\gamma_w$——水的重度。

（2）对于粉土及黏性土，$e_{ajk}$ 按下式计算：

$$e_{ajk} = \sigma_{ajk}K_{ai} - 2c_{ik}\sqrt{K_{ai}} \qquad (5\text{-}5)$$

当按以上规定计算的基坑开挖面以上水平荷载值小于零时，应取零。

### 5.2.3 水平抗力计算

如图 5-2 所示，基坑内侧水平抗力值 $e_{pjk}$ 按下列规定计算。

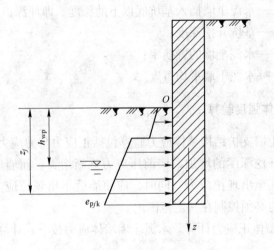

图 5-2 水平抗力值计算图

（1）对于砂土及碎石土，基坑内侧抗力值按下列规定计算：

$$e_{pjk} = \sigma_{pjk}K_{pi} - 2c_{ik}\sqrt{K_{pi}} + (z_j - h_{wp})(1 - K_{pi})\gamma_w \qquad (5\text{-}6)$$

式中　$K_{pi}$——基坑内侧第 $i$ 层的被动土压力系数；

$\sigma_{pjk}$——作用于基坑底面以下深度 $z_j$ 处的竖向应力值。

（2）对于粉土及黏性土，基坑内侧水平抗力值按下式计算：

$$e_{pjk} = \sigma_{pjk}K_{pi} - 2c_{ik}\sqrt{K_{pi}} \tag{5-7}$$

### 5.2.4　水泥土墙自重计算

取单位长度墙体进行计算，因此，墙体自重亦为每延米墙体重量。

$$W = B(H_0 + H_d)\lambda\gamma_0 \tag{5-8}$$

式中　$W$——水泥土墙每延米自重；

　　　　$B$——水泥土墙组合宽度，即有效宽度；

　　　　$H_d$——水泥土墙插入基坑底以下的深度，即埋深；

　　　　$H_0$——基坑开挖深度；

　　　　$\lambda$——水泥土墙的置换率；

　　　　$\gamma_0$——水泥土墙平均重度。

### 5.2.5　墙体强度验算

水泥土墙支护结构墙体应力验算包括正应力与剪应力两个方面。随着基坑开挖深度的增加，墙前压应力逐渐增大，而墙后压应力逐渐变小，甚至出现拉应力。同时，应使墙后不出现拉应力，而墙前最大压应力必须控制在一定范围内。

（1）墙体正应力计算。水泥土墙墙体应力按下式计算：

$$\sigma_{max} = \gamma_0 z + q_0 + \frac{M_1 y_1}{I_B} \tag{5-9}$$

$$\sigma_{min} = \gamma_0 z - \frac{M_1 y_2}{I_B} \tag{5-10}$$

式中　$\sigma_{max}$，$\sigma_{min}$——分别为计算截面上的最大和最小应力；

　　　　$\gamma_0$——墙体平均重度；

　　　　$z$——桩顶至计算截面处的深度；

$q_0$——水泥土墙后顶面堆载；

$y_1$，$y_2$——分别为计算截面处的形心到最大和最小压力点处的距离；

$M_1$——计算截面处的弯矩，一般取变截面和坑底截面；

$I_B$——挡土墙在计算截面处的惯性矩。

（2）墙体剪应力计算。墙体剪应力按下式计算[152]：

$$\tau = \frac{E_a}{\lambda b} \tag{5-11}$$

式中　$\tau$——计算截面上的剪应力；

$E_a$——计算截面以上的主动土压力的合力；

$\lambda$——计算截面处的水泥土置换率。

## 5.3　水泥土墙支护结构变形计算

水泥土桩墙的变形直接影响深基坑支护的建筑结构、道路和地下管线的安全，因此，其变形计算需满足位移规定值。它包括开挖面以下的下墙体的水平位移和转动，以及开挖面以上的上墙体的弹性挠曲变形。

### 5.3.1　下墙体的水平位移和转动

重力式水泥土墙的弹性地基"$m$"法计算水平位移，是一种简化计算方法，它把地基看作线弹性体，即把侧向受力的地基土用一个单独的弹簧来模拟，如图 5-3 所示。弹簧之间互不影响，弹簧受力与其位移成正比，可以表示为

$$p = k(z)y \tag{5-12}$$

式中　$p$——挡土墙的横向抗力；

$k(z)$——随深度变化的基床系数；

$y$——深度 $z$ 处的水平位移值。

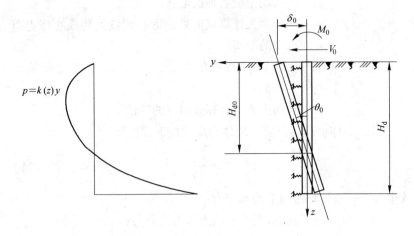

图5-3 按"m"法计算墙顶位移示意图

基床系数 $k$ 与地基土的类别，物理力学性质有关。"m"法认为 $k$ 随深度成正比增加。

$$k = mz \tag{5-13}$$

式中 $m$——地基比例系数，其值根据试验实测确定，当无试验资料时，可参考表5-1 选用。

表5-1 比例系数 m 值

| 地基土类 | 淤泥土、淤泥质土、饱和黄土 | 流塑和流塑的一般黏性土、松散粉细砂、松散填土 | 可塑的一般黏性土和湿陷性黄土、稍密和中密的填土 | 硬塑、坚硬的一般黏性土和湿陷性黄土，中密和中粗砂，密实老填土 | 中密和密实的砾砂和碎石类土 |
|---|---|---|---|---|---|
| m 值 | 2500~5500 | 5500~14000 | 14000~32000 | 32000~100000 | 100000~300000 |

重力式水泥土挡墙刚度无限大时，在墙后的水土压力作用下，将产生平移和转动，如图5-4 所示。沿 B-B' 截面把墙身截开，可以

计算作用于 $B$-$B'$ 截面上的弯矩 $M_0$ 和剪力 $V_0$。取出 $B$-$B'$ 截面以下的墙体作为计算单元，如图 5-4b 所示，由于假设水泥土桩墙体刚度无限大，在墙后主动土压力、墙前被动土压力、水压力及墙体重力的作用下发生水平位移和转动。设其绕墙体轴线上一点转动 $\theta_0$，其开挖面

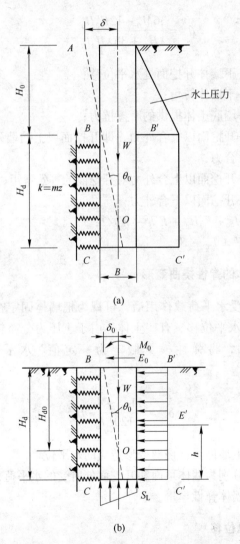

图 5-4 按"$m$"法计算墙顶位移示意图

处的水平位移为 $\delta_0$，则

$$\delta_0 = \frac{24M'_0 - 8E'_0 H_d}{\lambda H_d^3 + 36\lambda I_B} + \frac{2E'_0}{\lambda H_d^2} \tag{5-14}$$

$$\theta_0 = \frac{36M'_0 - 12E'_0 H_d}{\lambda H_d^4 + 36\lambda H_d I_B} \tag{5-15}$$

式中　　$\delta_0$——下墙体开挖面处水平位移；

　　　　$\theta_0$——下墙体转角；

　　　　$S_L$——墙底土体提供的摩擦抗力；

　　　　$E_0$——开挖面以上合外力，即开挖面以上挡墙外侧水平荷载合力；

　　　　$M_0$——开挖面以上合外力对开挖面的等效弯矩；

　　　　$E'$——开挖面以下合外力；

　　　　$M'_0 = M_0 + E_0 H_d + E'h - Wb/2$；

　　　　$E'_0 = E' + E_0 - S_L$。

## 5.3.2　上墙体的弹性挠曲变形

水泥土墙受水平荷载作用后，可视为把墙体固定在坑底处，按悬臂梁计算其水平位移。有些土体，由于土压力分布较复杂，可适当简化，同时，将弹性模量假定为一定值。水平位移按下式计算[175]：

$$\delta_e = \frac{11e_1 + 4e_2}{120EI_B} H_0^4 \tag{5-16}$$

式中　　$\delta_e$——上墙体弹性挠曲变形造成的水平位移；

　　　$e_1，e_2$——分别为墙体顶面和开挖面处所受的水平荷载；

　　　　$E$——墙体弹性模量。

## 5.3.3　墙顶总位移

墙顶总水平位移按下式计算：

$$\delta = \delta_e + \delta_0 + \theta_0 H_0 \qquad (5\text{-}17)$$

式中　$\delta$——墙顶总的水平位移；

　　　$\delta_e$——上墙体弹性挠曲变形造成的水平位移；

　　　$\delta_0$——下墙体开挖面处水平位移；

　　　$\theta_0$——下墙体转角；

　　　$H_0$——基坑开挖深度。

## 5.4　水泥土墙稳定性验算

### 5.4.1　抗倾覆稳定性验算

水泥土挡墙抗倾覆稳定性安全系数按下式计算[176]：

$$K_q = \frac{M_R}{M_O} = \frac{M_W + M_a}{M_p} \qquad (5\text{-}18)$$

式中　$K_q$——抗倾覆稳定性安全系数；

　　　$M_R$——抗倾覆力矩；

　　　$M_O$——倾覆力矩；

　　　$M_W$——水泥土墙自重产生的倾覆力矩；

　　　$M_a$——水平荷载产生的倾覆力矩；

　　　$M_p$——水平抗力产生的抗倾覆力矩。

### 5.4.2　抗滑移稳定性验算

水泥土墙按重力式挡土墙验算沿墙底面滑动的安全系数[177]为

$$K_h = \frac{\text{墙体抗滑力}}{\text{墙体滑动力}} = \frac{W\tan\varphi_0 + c_0 + E_p}{E_a} \qquad (5\text{-}19)$$

式中　$K_h$——抗滑动稳定性安全系数；

　　　$W$——水泥土墙的自重；

$\varphi_0$ ——墙底土的内摩擦角;

$c_0$ ——墙底土的黏聚力;

$E_a$, $E_p$ ——分别为水泥土墙所受的水平荷载和水平抗力。

### 5.4.3 整体稳定性分析

基坑整体稳定性分析实际上是对支护结构的直立土坡进行稳定性分析。对于水泥土墙支护结构,在进行整体稳定性验算时,主要是通过验算其最危险滑动面的安全系数是否达到要求,可采用简化毕肖普法进行计算。取单位墙宽验算水泥土桩墙的整体稳定性,如图 5-5 所示。

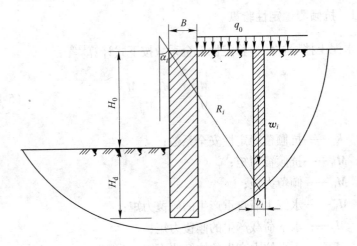

图 5-5  整体稳定性计算简图

整体稳定性系数为

$$\begin{cases} K_{sf} = \dfrac{\sum [(w_i + q_i b_i)\tan\varphi_i + c_i b_i]/m_{ai}}{\sum(w_i + q_i b)\sin\alpha_i} \\ m_{ai} = \cos\alpha_i + \tan\varphi_i \sin\alpha_i/K_{sf} \end{cases} \tag{5-20}$$

式中  $w_i$ ——第 $i$ 土条重力;

$c_i$ ——第 $i$ 土条滑动面上土的黏聚力;

$\varphi_i$——第 $i$ 土条滑动面上的内摩擦角；

$b_i$——第 $i$ 土条宽度；

$q_i$——第 $i$ 土条上的荷载；

$\alpha_i$——第 $i$ 土条沿滑动中点的切线与水平线的夹角。

### 5.4.4 基坑抗隆起验算

基坑工程的抗隆起稳定性分析具有保证基坑稳定和控制变形的重要意义，且与支护墙体的入土深度有直接关系。因此，合适的入土深度十分重要。一方面，它要足以保证不发生基底隆起破坏或过大的基底隆起变形；另一方面，在保证稳定的基础上要尽量减小墙体入土深度，以达到经济合理的目的。

基坑抗隆起稳定性验算方法很多，如：考虑墙体极限弯矩的抗隆起验算、太沙基和普朗特（Prandtl）抗隆起验算。

将墙底面的平面作为求极限承载力的基准面，参照普朗特地基承载力公式，其滑动形状如图 5-6 所示，则抗隆起计算为

$$K_1 = \frac{\gamma_2 H_d N_q + cN_c}{\gamma_1 (H_0 + H_d) + q_0} \tag{5-21}$$

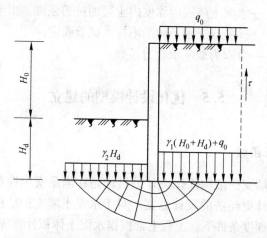

图 5-6 太沙基和普朗特抗隆起验算方法

普朗特公式：

$$N_q = \tan^2\left(\frac{\pi}{4} + \frac{\varphi}{2}\right)e^{\pi\tan\varphi} \tag{5-22}$$

$$N_c = (N_q - 1)/\tan\varphi \tag{5-23}$$

太沙基公式：

$$N_q = \frac{1}{2}\left[\frac{e^{\left(\frac{3\pi}{4} - \frac{\varphi}{2}\right)\tan\varphi}}{\cos\left(\frac{\pi}{4} + \frac{\varphi}{2}\right)}\right]^2 \tag{5-24}$$

$$N_c = (N_q - 1)/\tan\varphi \tag{5-25}$$

当坑底为软土时，坑底抗隆起采用下式验算[175]：

$$K_1 = \frac{\gamma_2 H_d + \tau_0 N_c}{\gamma_1(H_0 + H_d) + q_0} \tag{5-26}$$

式中     $K_1$——抗隆起稳定性系数；

      $c, \varphi$——分别为水泥土墙嵌固深度内土层的加权平均黏聚力和内摩擦角；

      $\tau_0$——水泥土墙嵌固深度内土层的抗剪强度，由十字板剪切试验或三轴不固结不排水试验确定；

   $N_q, N_c$——分别为地基承载力系数。

## 5.5 优化设计模型的建立

### 5.5.1 目标函数

    水泥土墙支护结构优化设计的目的是在满足安全性条件下，获得比常规设计更经济的设计方案。对于水泥土墙支护结构，在给定地层和开挖深度条件下，工程上常根据水泥土体积计算成本，因此，取单位长度水泥土墙的水泥土造价作为目标函数，则目标函数为

$$\text{minCost} = \lambda B(H_0 + H_d)C \tag{5-27}$$

式中　$\lambda$ ——水泥土墙的置换率；

　　$B$——水泥土墙组合宽度，即有效宽度；

　　$H_0$ ——基坑开挖深度；

　　$H_d$ ——水泥土墙插入基坑底以下的深度（即埋深）；

　　$C$——单位体积水泥土造价。

### 5.5.2 优化设计变量

在进行水泥土墙支护结构的优化设计时，水泥土墙的断面尺寸和布置形式是关系到其体积的最直接因素，可将其断面尺寸（包括墙体埋置深度和有效宽度）以及影响其布置形式的置换率作为设计变量。因此，设计变量向量为

$$\boldsymbol{B} = [B_1, B_2, \cdots, B_{n-1}, B_n] \tag{5-28}$$

$$\boldsymbol{H}_d = [H_{d,1}, H_{d,2}, \cdots, H_{d,p-1}] \tag{5-29}$$

$$\boldsymbol{\lambda} = [\lambda_1, \lambda_2, \cdots, \lambda_{q-1}, \lambda_q] \tag{5-30}$$

式中　$n$——断面尺寸有效宽度可取值个数；

　　$p$ ——墙体埋置深度可取值个数；

　　$q$ ——置换率可取值个数。

### 5.5.3 约束条件

约束条件包括：

$$g(i) = \sigma_{\max} - q_u/K_j \geqslant 0 \qquad (i = 1) \tag{5-31}$$

$$g(i) = \sigma_{\min} \geqslant 0 \qquad (i = 2) \tag{5-32}$$

$$g(i) = 0.1q_u/K_j - \tau \geqslant 0 \qquad (i = 3) \tag{5-33}$$

式(5-31) ~ 式(5-33)为应力约束条件。

$$g(i) = [f] - \bar{p} \geq 0 \qquad (i = 4) \qquad (5-34)$$

$$g(i) = 1.2[f] - p_{max} \geq 0 \qquad (i = 5) \qquad (5-35)$$

$$g(i) = p_{min} \geq 0 \qquad (i = 6) \qquad (5-36)$$

式中    $[f]$ ——墙底土层按深度修正后地基承载力特征值。

式(5-34) ~ 式(5-36)为地基承载力约束条件。

$$g(i) = [\delta] - \delta \geq 0 \qquad (i = 7) \qquad (5-37)$$

式中    $[\delta]$ ——下墙体开挖面处水平位移容许值。

式(5-37)为变形约束条件。

$$g(i) = K_{sf} - [K_{sf}] \geq 0 \qquad (i = 8) \qquad (5-38)$$

式中    $[K_{sf}]$ ——整体稳定性系数容许值。

式(5-38)为整体稳定性约束条件。

$$g(i) = K_q - [K_q] \geq 0 \qquad (i = 9) \qquad (5-39)$$

式中    $[K_q]$ ——抗倾覆稳定性系数容许值。

式(5-39)为抗倾覆稳定性约束条件。

$$g(i) = K_h - [K_h] \geq 0 \qquad (i = 10) \qquad (5-40)$$

式中    $[K_h]$ ——抗滑动稳定性系数容许值。

式 (5-40) 为抗滑动稳定性约束条件。

$$g(i) = K_l - [K_l] \geq 0 \qquad (i = 11) \qquad (5-41)$$

式中    $[K_l]$ ——抗隆起稳定性系数容许值。

式(5-41)为抗隆起稳定性约束条件。

$$g(i) = K_{ls} - [K_{ls}] \geq 0 \qquad (i = 12) \qquad (5-42)$$

式中    $[K_{ls}]$ ——基坑底抗流沙稳定性系数容许值。

式(5-42)为基坑底抗流沙稳定性约束条件。

$$g(i) = K_{TY} - [K_{TY}] \geqslant 0 \qquad (i = 13) \qquad (5-43)$$

式中　$[K_{TY}]$——基坑底土突涌稳定性系数容许值。

式(5-43)为基坑底土突涌稳定性约束条件。

## 5.6　工程实例

浙江北仑港发电厂拟在厂区内新建 3 台 60 万千瓦火力发电机组，总投资 122 亿元，是国家级重点建设工程。其中 3 号机组主厂房基坑纵向由 23 轴线至 33 轴线，总长约 100m，北端紧靠已建成投产的 2 号机组与 3 号机组之间的隔离带，南端与 4 号机组主厂房基坑相接，横向由 A 排外 12m 至 N。轴线，总宽度约 150m，A 排外按开口考虑[177]。

基坑总面积约 3000m² （见图 5-7），总延长米约 300m。基坑开挖深度为 1.25 ~ 5.8m 不等。考虑到此基坑距离已投产使用的 2 号机组仅十多米，且此工程已列入国家重点建设项目，故围护设计时应以安全可靠为首选目标，支护方案采用 4 ~ 16 排 φ700mm 的格栅状双轴深层搅拌桩构成重力式挡土墙，共完成双轴搅拌桩 1710 对，总加固土体方量 10829m³，工程总费用 155 万元。

土层性质参照表 5-2，桩顶地面堆载为 15kN/m²，水泥土无侧限抗压强度大于 1MPa 墙底土地基承载力特征值为 80kPa。要求基坑开挖深度分别为 5.8m、3.5m、2.9m、2.7m、2.25m、1.9m、1.6m、1.5m、1.25m 不等。

表 5-2　土层性质指标

| 层号 | 土层名称 | 厚度/m | 天然重度/kN·m⁻³ | 黏聚力/kPa | 内摩擦角/(°) |
|---|---|---|---|---|---|
| 1 | 杂填土 | 0.5 ~ 2.5 | — | — | — |
| 2 | 粉质黏土 | 0.0 ~ 1.6 | 18.9 | — | — |
| 3 | 淤泥粉黏土 | 18.7 ~ 23.9 | 17.4 | 3.4 | 13.5 |
| 4 | 淤泥粉黏土 | 18.0 ~ 20.8 | 18.1 | 14.6 | 12.7 |

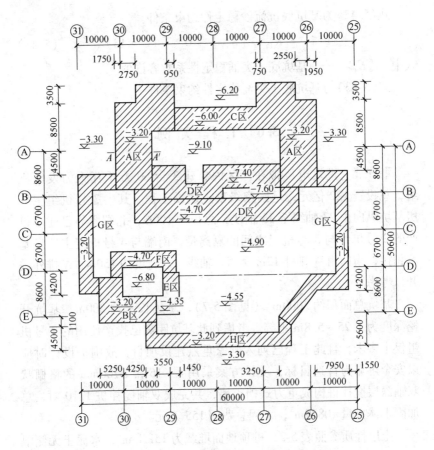

图 5-7　3 号机组主厂房基坑围护结构平面图

　　设计采用格栅状双头深层水泥搅拌桩，桩径：$\phi 700 \times 1200\text{mm}$；相邻桩体搭接 200mm，采用 425 号普通硅酸盐水泥，水泥掺合量为湿土重度的 13%，粉煤灰、石青粉的掺量分别为水泥量的 5%、1%，浆液水灰比 0.5：1，水泥土试块 30 d 龄期无侧限抗压强度大于 1.0 MPa，抗拉强度 150～250kPa。该工程自然地坪标高为 −0.65m，基坑开挖前整个区域先挖深至标高 −3.30m，故在进行围护设计计算时，可以将杂层和 1 层剔除在外，基坑开挖主要在 2 层进行。考虑到基坑附近可能堆放砂石和其他建筑材料，取地面堆载为 $q = 15\text{kPa}$，按均布荷载考虑。水泥土挡墙基本参数选用值见表 5-3，考虑到围护桩深度范围内均为黏性土，地下水主要是薄膜水和毛细水，水压力与土压力合并计算。原设计选择开挖深度为 5.8m 的 A 区进行计算，取桩墙埋入深度为 9.2m、墙宽为 8.2m 进行计算，置换率为 0.7。

**表 5-3 水泥土挡墙基本参数选用值**

| 名称 | 内摩擦角/(°) | 黏聚力/kPa | 天然重度/kN·m⁻³ | 地面堆载/kPa | 基底摩擦系数 |
|------|------------|-----------|----------------|-------------|------------|
| 取值 | 13.5 | 3.4 | 17.4 | 15 | 0.25 |

水泥土挡墙各参数变量的可取值如下：$B = [6.0, 6.1, 6.2,$ $6.3, 6.4, 6.5, 6.6, 6.7, 6.8, 6.9, 7.0, 7.1, 7.2, 7.3, 7.4,$ $7.5, 7.6, 7.7, 7.8, 7.9, 8.0, 8.1, 8.2, 8.3, 8.4, 8.5, 8.6,$ $8.7, 8.8, 8.9, 9.0](m)$；$H_d = [6.0, 3.2, 3.4, 3.3, 3.8, 7.0,$ $7.2, 7.4, 7.6, 7.8, 8.0, 8.2, 8.4, 8.6, 8.8, 9.0, 9.2, 9.4,$ $9.6, 9.8, 10.0, 10.2, 10.4, 10.6, 10.8, 11.0, 11.2, 11.4,$ $11.6, 11.8, 12.0](m)$；$\lambda = [0.60, 0.61, 0.62, 0.63, 0.64,$ $0.65, 0.66, 0.67, 0.68, 0.69, 0.70, 0.71, 0.72, 0.73, 0.74,$ $0.75, 0.76, 0.77, 0.78, 0.79, 0.80, 0.81, 0.82, 0.83, 0.84,$ $0.85, 0.86, 0.87, 0.88, 0.89, 0.90]$。采用 IHGA 对该水泥土挡墙进行优化设计，优化结果是目标函数为：$Cost = 55.655C$；优化设计变量为：$B = 6.9m$，$H_d = 8.2m$，$\lambda = 0.74$；约束条件为：$g(1) = 21.49kPa$，$g(2) = 39.43kPa$，$g(3) = 10.33kPa$，$g(4) = 56.61kPa$，$g(5) = 9.76kPa$，$g(6) = 118.62kPa$，$g(7) = 2.31mm$，$g(8) = 0.38$，$g(9) = 0.49$，$g(10) = 0.42$，$g(11) = 0.15$，$g(12) = 0.43$，$g(13)$ $= 0.15$。可见，IHGA 的优化结果满足应力、地基承载力和各种稳定性等约束条件，表明强度、刚度和稳定性等多方面均达到设计要求，而工程材料成本降低 18.52%，表明优化效果十分显著。

## 5.7 小 结

水泥土墙支护结构是近年来发展起来的一项新技术，它是利用水泥土搅拌桩（厚墙）的整体性、水稳性和一定的强度来发挥其支护功能。通过引入多个约束条件建立了深基坑水泥土墙支护结构参数优化模型，并采用自行开发的 IHGA 对深基坑水泥土墙支护结构的水泥土墙的置换率、水泥土墙组合宽度、水泥土墙插入基坑底以下的深度等重要参数进行优化设计。工程实例的结果表明这种 IHGA 的优化设计结果不仅保证了深基坑的稳定性，而且使其工程材料成本大大降低。

# 6 结论与展望

## 6.1 结 论

围绕深基坑工程优化问题，工程技术和研究人员开展了大量的研究工作，提出了许多优化设计方法，但仍存在着一些不足和面临着一些难题。目前深基坑支护优化设计尚缺乏对各类深基坑普遍适用的优化设计方法。其主要原因有二：一是深基坑支护涉及的因素众多，并且许多因素的取值及相互关系具有很大的不确定性，难以准确把握和正确认识；二是经典的优化设计理论难以解决深基坑支护优化设计问题。针对上述问题，本书在深基坑支护结构方案优选与参数优化方面作了进一步研究与探讨，得出如下结论：

（1）依据深基坑安全等级和变形控制等级，初步选择深基坑支护方案，在此基础上，利用模糊综合评判法进行方案的进一步优选，按安全可行、经济合理、保护环境、施工便捷等基本准则进行一级模糊评判。根据深基坑支护体系设计应满足强度、变形和稳定性验算等基本原则，经过分析，确定影响安全性的因素，进行二级模糊评判；根据深基坑支护体系施工费用、土方开挖费、施工监测及检测费、环保费用等基本原则确定影响经济性的因素，进行二级模糊评判；根据施工对周围居民生活的影响、施工对周围建筑物和地下管线的影响、施工产生的次生灾害影响等基本原则确定影响环境保护的因素，进行二级模糊评判。运用该法，对东大国际中心深基坑支护方案进行模糊综合评判，得出优选方案——桩锚支护方案，达到了安全可行、经济合理、保护环境、施工便捷的目的，收到了很好的经济、社会效益。实践证明，模糊综合评判优选是一个较科学的方法，用于具有极大模糊性的深基坑工程中是合理、有效的，可供类似工程借鉴、参考。

（2）根据深基坑支护结构参数优化的需要，对标准遗传算法（SGA）提出了若干改进。通过引入单亲遗传算子和转基因算子得到的改进遗传算法（IGA），很好地保持了群体的多样性，并有效地防止了未成熟收敛现象和振荡现象的发生；提出了具有局部搜索能力强和收敛快等特点的三等分割算法，并与SGA混合，开发出混合遗传算法（HGA），该算法既发挥了三等分割算法局部搜索能力强的特点，又发挥了SGA全局性好的特点，使搜索不至于陷入局部最优；将三等分割算法与IGA混合，开发出改进混合遗传算法（IHGA），该算法成功地解决了SGA在迭代过程中经常出现的未成熟收敛、最优个体被破坏而发生振荡、随机性太大和停滞等问题，并且，SGA法局部搜索能力差、迭代过程缓慢的缺点也得到了有效的改善。具有计算方法上的创新性。

（3）对深基坑排桩支护结构的受力、变形和稳定性进行了计算，并通过引入多个约束条件，建立了深基坑排桩支护参数优化模型。利用自行开发的改进混合遗传算法（IHGA）计算机程序对单支点排桩支护结构的插入深度、桩截面面积、桩中心距、桩配筋面积、支点位置、支撑截面积和支撑配筋面积等重要参数进行了优化设计。

（4）对深基坑土钉支护结构主要影响因素进行了讨论，并对其局部稳定性和整体稳定性进行了计算。通过引入多个约束条件，建立了深基坑土钉支护参数优化模型。利用自行开发的改进混合遗传算法（IHGA）计算机程序对土钉墙的土钉道数、土钉直径、土钉长度、土钉水平间距、土钉竖向间距和土钉倾角等重要参数进行了优化设计。

（5）对深基坑水泥土墙支护结构主要影响因素进行了讨论，并对强度、变形和稳定性进行了计算。通过引入多个约束条件，建立起深基坑水泥土墙支护结构参数优化模型。利用自行开发的改进混合遗传算法（IHGA）计算机程序对该种支护结构的水泥土墙的置换率、水泥土墙组合宽度、水泥土墙插入深基坑底以下的深度等重要参数进行了优化设计。

（6）利用本书提出的支护参数优化设计方法和自行开发的改进混合遗传算法（IHGA）计算机程序，分别结合工程实例进行了深基坑排桩支护、土钉支护和水泥土墙支护结构参数的优化设计。结果表明，对于不同支护类型采用的不同约束条件是合理的，所建立的排桩、土钉、水泥土墙三种深基坑支护结构的设计参数优化模型是正确的，自行开发的改进混合遗传算法（IHGA）可以实现对这些重要参数的优化设计。通过合理建模并采用 IHGA 进行优化，不仅保证了深基坑支护工程的稳定性，而且，大大降低了工程材料成本，对深基坑支护工程设计与施工具有重要的指导作用。

## 6.2　展　　望

深基坑支护优化设计的研究与应用有着广泛的前景，它的研究和发展将给深基坑支护设计带来一场革命，其巨大的经济效益和社会效益已初步得到证明。作者认为今后一个时期内，从工程应用和本领域的相关理论发展的角度出发，还需要进一步研究和解决以下一些方面的问题：

（1）利用模糊综合评判法进行深基坑支护方案的优选，虽在部分工程实践中达到了安全可行、经济合理、保护环境、施工便捷的目的，但其效果和可靠性尚需进一步验证，应通过大量的工程实例不断地总结、完善，以期尽快达到实用化要求。

（2）根据深基坑支护结构参数优化的需要，作者对标准遗传算法（SGA）提出的改进，以及将具有局部搜索能力强和收敛快等特点的三等分割算法与改进遗传算法（IGA）混合得到的改进混合遗传算法（IHGA）等，这些研究还处于初级阶段，存在许多不足，需要进一步开发、实践，使模型和参数更具有针对性。

（3）深基坑支护优化设计的目标函数往往是隐式的，在很多情况下，系统中包含有大量的不确定性因素，如何使得优化目标和设计变量间建立起确定的函数关系，需做进一步研究。

（4）从系统工程角度出发研究深基坑工程的优化，仅侧重在影响因素和系统结构分析上，在优化算法上未能体现出协同优化设计的理念，如何解决子系统优化时优化目标的相互冲突问题，以及采用层次分析方法，仅停留在定性分析和半定量分析上等问题，尚需做进一步研究。

目前，深基坑支护优化设计技术尚未在深基坑支护中得到广泛应用，但由于其自身所具有的明显优势，其良好的应用前景是毋庸置疑的。因此，有理由相信，经过长期不懈的努力，一定会取得更丰硕的成果。

# 附录 程序的使用说明

本书作者使用 C++builder 开发出了改进混合遗传算法的优化设计程序软件。其主要内容包括：深基坑支护方案优选程序、深基坑排桩支护结构的参数优化设计程序、深基坑土钉支护结构的参数优化设计程序、深基坑水泥土墙支护结构的参数优化设计程序、标准遗传算法、改进遗传算法、混合遗传算法、改进混合遗传算法。该优化设计程序软件界面精美、使用方便，是一个可以在 Windows 下操作的软件程序，用于计算离散变量的结构优化问题。

改进混合遗传算法优化设计程序的数据文件主要由下面几项组成：

（1）坐标系。采用总体平面坐标系 $oxy$ 和局部坐标系 $ox'y'$。符号规定按右手法则：水平方向以向右为正，竖向以向上为正；转角以逆时针为正。

（2）程序的综合数据。L0，E0，NJP，NPP，NRES 为程序控制的综合数据，其中，L0 为结构的结点总数；E0 为单元的总数；NJP 为结点荷载总数；NPP 为单元的荷载总数；NRES 为位移约束总数。

（3）结构材料性质数据。包括：

E 为材料弹性模量；WT 为材料相对密度；SGMA 为许用应力；DP1 为允许最大线位移；DP2 为允许最大角位移。其中，长度单位为 m，力的单位为 N。

（4）约束位移条件数据。RES[NRES][2] 是支座结点约束信息数组，将各约束位移一一填写，与先后顺序无关，共填写 NRES 行。RES[NRES][0] 存放约束位移值，RES[NRES][1] 存放于约束位移相应的结点位移分量序号；位移值的正负号以与坐标轴正方向一致为正。

位移序号的推算：以第 $N$ 个结点为例，水平位移的序号为 $3N-2$；竖直位移为 $3N-1$；转角位移的序号为 $3N$。

（5）支撑条件数据。CJ［NCJ］为支撑条件数据。其中，CJ［NCJ］［5］为支座结点的约束条件约束信息组，依次输入支座结点号及该结点 $x$，$y$，$\theta$ 方向的约束信息（某方向有约束时为1，无约束时为0）。

（6）结点受集中荷载数据。PJ［NPJ］为结点受集中荷载数据，其中，PJ［NPCJ］［5］为受集中荷载结点信息数组，依次输入受载结点号及其在 $x$，$y$，$\theta$ 方向的受载值和该结点荷载图形位置信息。

软件程序操作说明如下：

附图1是程序的主窗体，点击"欢迎您进入优化设计系统"进入优化设计系统；

点击"谢谢您使用该系统"离开该系统时，出现一对话框，点击"确定"退出该优化系统。

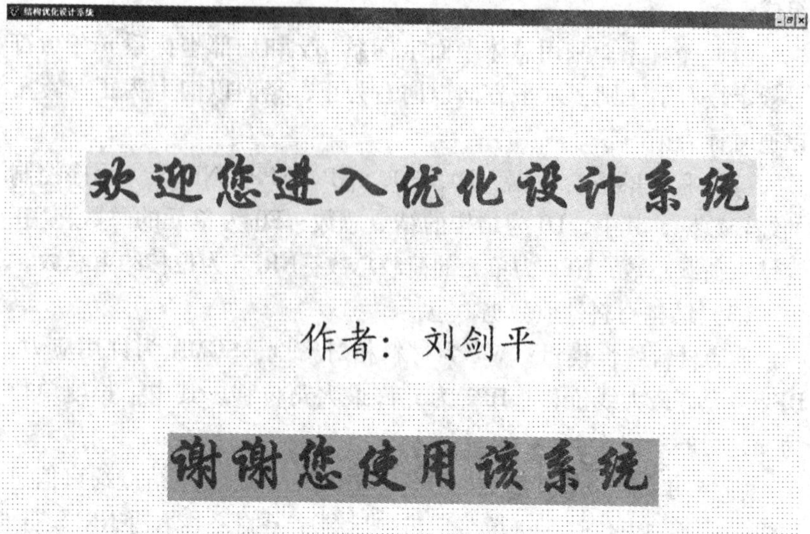

附图1　主窗体

附图2是附加窗体，点击任何一个主菜单，就会运行相应的优化程序。比如：点击"计算智能法→改进混合遗传算法→深基坑→深基坑水泥土墙支护结构"就会运行改进混合遗传算法对深基坑水泥土墙支护结构进行优化设计的程序。在运行每个程序时都分别有运行程序的指导步骤，操作十分简单。

点击"返回"就会返回到主窗体。

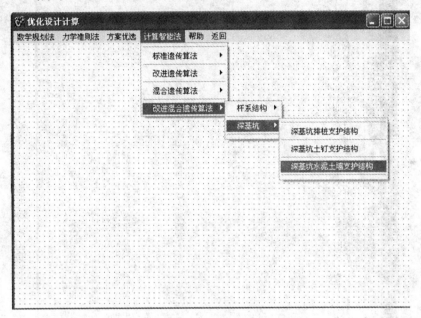

附图 2  附加窗体

下面是本书的部分程序源代码，如附图 3 所示。

附图 3 是程序的源代码，其中 umain. cpp 是主窗体的源代码，uadd. cpp 是附加窗体的源代码，各种优化程序都在此处，是程序设计的关键所在，程序语句包含几千条。SAP. cpp 是结构分析的源代码，对结构进行应力、变形和稳定性计算等结构分析。alg. cpp 是计算结构优化设计的目标函数程序。ff. cpp 是计算结构优化设计的约束函数程序。"方案优选. dat"是方案优选时的文件输入数据。"排桩支护. dat"是排桩支护结构优化的输入/输出数据文件，程序运行前可以根据要求修改输入文件。

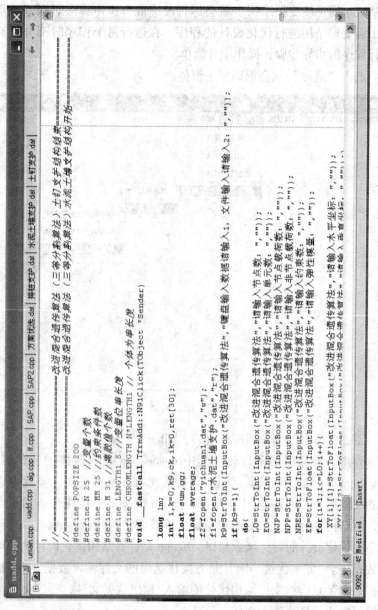

```
//===================改进混合遗传算法（三等分割算法）土钉支护结构经录======
//===================改进混合遗传算法（三等分割算法）水泥土墙支护结构开始======

#define POPSIZE 200
#define N 25     //变显个数
#define MM 25    //约束条件数
#define M 31     //遗传值个数
#define LENGTH1 5 //变显位串长度    个体为串长度
#define CHROMLENGTH N*LENGTH1

void __fastcall TfrmAdd::N91Click(TObject *Sender)
{
    long lm;
    int i,k=0,k9,ck,ik=0,ret[30];
    float sum,gg;
    float average;
    f2=fopen("yichuan1.dat","w");
    f1=fopen("水泥土墙支护.dat","r");
    k9=StrToInt("改进混合遗传算法","键盘输入数据请输入1,文件输入请输入2: ","");
    if(k9==1){
        do{
            L0=StrToInt(InputBox("改进混合遗传算法","请输入节点数: ",""));
            E0=StrToInt(InputBox("改进混合遗传算法","请输入单元数: ",""));
            NJP=StrToInt(InputBox("改进混合遗传算法","请输入节点荷载数: ",""));
            NPP=StrToInt(InputBox("改进混合遗传算法","请输入非节点荷载数: ",""));
            NRES=StrToInt(InputBox("改进混合遗传算法","请输入约束数: ",""));
            EE=StrToFloat(InputBox("改进混合遗传算法","请输入弹性模量: ",""));
            for(i=1;i<=L0;i++){
                XY[i][1]=StrToFloat(InputBox("改进混合遗传算法","请输入水平坐标: ",""));
```

# 参 考 文 献

[1] 钱七虎. 迎接我国城市地下空间开发高潮[J]. 岩土工程学报, 1998, 20
    (1): 112~113.

[2] 邓子胜. 深基坑支护结构-土空间非线性共同作用研究[D]. 长沙: 湖南大
    学, 2004.

[3] 徐至钧. 深基坑支护事故分析处理对策[J]. 特种结构, 1998, 15(4):
    42~45.

[4] 杨旭东, 杨国忠, 岳建伟. 深基坑开挖支护现状分析及其对策[J]. 河南大
    学学报, 1999, 29(3): 24~27.

[5] 顾宝和, 周红. 基坑工程若干基本问题的讨论——基坑开挖与支护研讨会
    综述[J]. 工程勘察, 1997, (3): 12~17.

[6] 冯玉宝, 李罗刚, 秦四清. 深基坑支护工程问题与进展[J]. 中国地质灾害
    与防治学报, 1998, (4): 38~41.

[7] 胡敏云. 深基坑排桩支护结构设计研究[D]. 成都: 西南交通大学, 1998.

[8] 周东. 基坑支护工程遗传优化设计研究[D]. 南宁: 广西大学, 2002.

[9] 秦四清. 深基坑工程优化设计[M]. 北京: 地震出版社, 1998.

[10] 周军. 深基坑支护结构计算与优化[D]. 福州: 福州大学, 2002.

[11] 武亚军. 基坑工程中土与支护结构相互作用及边坡稳定性的数值分析
    [D]. 大连: 大连理工大学, 2003.

[12] 陈肇元, 崔京浩. 土钉支护在深基坑工程中的应用[M]. 北京: 中国建筑
    工业出版社, 1997.

[13] 余志成, 施文华. 深基坑支护设计与施工[M]. 北京: 中国建筑工业出版
    社, 1997.

[14] 方江华. 深基坑支护技术综述[J]. 西部探矿工程, 2003, (3): 53~55.

[15] 杨丽君. 深基坑支护结构中关于土压力的几个问题[J]. 福建建筑, 2002,
    (2): 50~51.

[16] 陈页开, 徐日庆, 任超. 基坑开挖的空间效应分析[J]. 建筑结构, 2001,
    (10): 42~44.

[17] 张锦屏. 基坑工程的特点和若干问题分析[J]. 低温建筑技术, 2003(3):
    64~65.

[18] 殷宗泽. 土力学学科发展的现状与展望[J]. 河海大学学报, 1999, 27
    (1): 1~5.

[19] 杨晓军,龚晓南.基坑开挖中考虑水压力的土压力计算[J].土木工程学报,1997,30(4):58~62.

[20] 陈愈炯,温彦锋.基坑支护结构上的水土压力[J].岩土工程学报,1999,21(2):139~143.

[21] 魏汝龙.再论总应力法及水和土压力[J].岩土工程学报,1999,21(4):509~510.

[22] 李广信.基坑支护结构上水土压力的分算与合算[J].岩土工程学报,2000,22(3):348~352.

[23] 魏汝龙.开挖卸载与被动土压力计算[J].岩土工程学报,1997,19(6):88~92.

[24] 魏汝龙.考虑墙面摩阻时的土压力计算[J].地基处理,1997,8(2):3~13.

[25] 孟秋英,王铁宏,陈耀光.对基坑支护结构土压力问题的探讨[J].建筑结构学报,1998,19(5):52~57.

[26] 冯紫良,闫强刚.分步开挖基坑挡土墙上土压力荷载的取值[J].工程勘察,2000,(2):4~7.

[27] 徐日庆,等.刚性挡墙被动土压力模型试验研究[J].岩土工程学报,2002,24(9):569~575.

[28] 李永刚.挡土墙被动动土压力研究[J].岩土力学,2003,24(2):273~276.

[29] Kiyokazu Onishi. Behavior of an earth retaining wall during deep excavation in Shanghai soft ground[J]. Soils and Foundations, 1999, 39(3):89~97.

[30] 中华人民共和国国家标准.建筑基坑工程技术规范 YB 9258—97 [S].北京:冶金工业出版社,1998.

[31] 王元湘.深基坑挡土结构的受力分析[J].土木工程学报,1998,31(2):12~20.

[32] 章杨松,罗国煜.深基坑支护结构分析的共同变形法[J].高校地质学报,1999,5(3):283~289.

[33] 梅国雄,宰金珉.考虑位移影响的土压力近似计算方法[J].岩土力学,2001,22(4):83~85.

[34] 赵永伦,赵亮.考虑施工因素的弹性杆系有限元修正计算方法[J].土工基础,1999,13(3):1~4.

[35] 王占生,张克绪.土-结构相互作用的修正刚度法及其在基坑工程中的应

用[J]. 岩土工程学报, 2002, 24(5): 652~655.

[36] Chang C Y, Duncan J M. Analysis of soil movement around a deep excavation [J]. Journal of the Soil Mechanics and Foundations Division, ASCE, 1970, 96 (SM5): 1629~1653.

[37] Duncan J M, Chang C Y. Nonlinear analysis of stress and strain in soils [J]. Journal of the Soil Mechanics and Engineering Foundations Division, ASCE, 1970, 94(SM3): 637~659.

[38] Mana A I, Clough G W. Predication of movement for brace cuts in clay[J]. Journal of Geotechnical Engineering Division, ASCE, 1981, 107 ( GT6 ): 759~778.

[39] Potts D M, Fourie A B. The behavior of a propped retaining wall: results of numerical experiment[J]. Geotechnique, 1984, 34(3): 383~404.

[40] Chan D H, Morgenstern N R. Analysis of progressive deformation of the Edmonton Convention Centre Excavation[J]. Canadian Geotechnical Journal, 1987, 24: 430~440.

[41] 曾国熙, 潘秋元, 胡一峰. 软粘土地基基坑开挖性状的研究[J]. 岩土工程学报, 1988, 10(3): 13~22.

[42] Borja R I, Analysis of incremental excavation based on critical state theory [J]. Journal of Geotechnical Engineering Division, ASCE, 1990, 116 ( 6 ): 964~985.

[43] Finno R J, Harahap I S, Sabatini P J. Analysis of braced excavations with coupled finite element formutations[J]. Computers and Geotechnics, 1991, (12): 91~114.

[44] Ng C W W, Ling M L. Effects of modeling soil nolinearity and wall installation analysis of deep excavation in stiff clay[J]. Journal of Geotechnical Engineering Division, ASCE, 1995, 121(10): 687~695.

[45] 谢宁, 孙钧. 土体非线性流变的有限元解析及其工程应用[J]. 岩土工程学报, 1995, 17(4): 95~99.

[46] 卢艳梅, 赵锡宏. 基坑井点降水的有限元分析与验证[C]. 岩土工程青年专家学术论坛文集. 北京: 中国建筑工业出版社, 1998.

[47] 范益群. 地下工程深基坑施工过程安全性分析若干理论问题研究及其工程应用[D]. 大连: 大连理工大学, 1998.

[48] 孙吉主. 软土的边界面广义塑性理论及其工程应用研究[D]. 上海: 同济

大学，1998.

[49] 高俊合，赵维炳，周成. 考虑固结、土-结构相互作用的基坑开挖有限元分析[J]. 岩土工程学报，1999，21(5)：628~630.

[50] 应宏伟，等. 软粘土深基坑开挖时间效应的有限元分析[J]. 计算力学学报，2000，17(3)：349~354.

[51] 侯学渊，杨敏. 软土地基变形控制设计理论和工程实践[M]. 上海：同济大学出版社，1996：138~145.

[52] 张钦喜，孙家乐，刘柯. 深基坑锚拉支护体系变形控制设计理论与应用[J]. 岩土工程学报，1999，21(2)：161~165.

[53] 林天健. 深基坑开挖支护体系理论及其应用评述[J]. 力学与实践，1996，18(2)：1~9.

[54] Matsuo M, Kawamura. A design method of deep excavation in cohesive soil based on the reliability theory[J]. Soils and Foundations, 1980, 20(1)：61~75.

[55] 刘国彬，沈建明，侯学渊. 深基坑支护结构的可靠度分析[J]. 同济大学学报，1998，26(3)：260~264.

[56] 陈愈炯，温彦锋. 对基坑支护结构上的水土压力讨论的答复[J]. 岩土工程学报，1999，21(4)：512~513.

[57] 魏汝龙. 总应力法计算土压力的几个问题[J]. 岩土工程学报，1995，17(6)：120~125.

[58] 尤大鑫，崔国梁. 深基坑开挖与支护研讨会简介[J]. 岩土工程技术，1997，(1)：3~7.

[59] 孙福，魏道垛. 岩土工程勘察设计与施工[M]. 北京：地质出版社，1998.

[60] 姚爱国，汤凤林，Smith I M. 基坑支护结构设计方法讨论[J]. 工业建筑，2001，31(3)：7~10，18~20.

[61] 郭方胜，刘祖德. 长江一级阶地深基坑支护系统方案的优化设计[J]. 建筑结构，2000，30(11)：22~25.

[62] 郭方胜. 层次分析法在深基坑支护系统方案优选中的应用[J]. 岩土工程技术，1999(1)：35~37.

[63] 李艳华. 反分析方法在基坑工程中的应用[J]. 广东水利水电，2000，(3)：17~20.

[64] 封盛，辛业洪. 深基坑双排桩支护结构优化设计[J]. 基建优化，2001，

22(6)：18~21.

[65] 袁勇，刘亚芹．单排锚拉灌注桩基坑围护结构设计优化[J]．建筑技术，1980，23(2)：95~96.

[66] 李云安．深基坑工程变形控制优化设计及其有限元数值模拟系统研究[J]．岩石力学与工程学报，2001，20(3)：421~422.

[67] 卢海林，许成祥，马驰．深基坑支护方案优选的模糊评价[J]．江汉石油学院学报，1999，21(3)：73~75.

[68] 张轩，吕培印．用模糊相似优先比决策法确定深基坑支护方案[J]．辽宁工学院学报，1999，19(5)：47~52.

[69] 杨予．深基坑支护优化设计[D]．南宁：广西大学，1999.

[70] 徐杨青．深基坑工程设计的优化原理与途径[J]．岩土力学与工程学报，2001，20(2)：248~251.

[71] 朱合华，丁文其．地下结构施工过程的动态仿真模拟分析[J]．岩石力学与工程学报，1999，18(5)：558~562.

[72] 周海龙．软土地区基坑支护系统的设计思路及要点[M]．北京：中国建筑工业出版社，1996：28~29.

[73] 龚晓南，高有潮．深基坑工程设计施工手册[M]．北京：中国建筑工业出版社，1998.

[74] 刘建航，侯学渊．基坑工程手册[M]．北京：中国建筑工业出版社，1997.

[75] 中国建筑科学研究院．建筑基坑支护技术规程[S]．北京：中国建筑工业出版社，1999.

[76] 徐玖平．多目标决策的理论与方法[M]．北京：清华大学出版社，2005.

[77] 王东．运用模糊综合评判法选择基坑支护方案的分析方法[J]．住宅科技，1997，(9)：28~31.

[78] 吕培印．深基坑支护体系的多层次模糊综合决策[J]．辽宁工学院学报，1999，19(5)：42~46.

[79] 段绍伟，沈蒲生．基于工程可靠度、工程造价、工期的深基坑支护结构选型研究[J]．湘潭矿业学院学报，2002，17(2)：79~81.

[80] 万文．地铁支护方案的模糊评价[J]．探矿工程，2003，(1)：57~59.

[81] 廖英，夏海力．层次分析、模糊综合评价法在深基坑支护方案优选中的应用[J]．工业建筑，2003，34(9)：26~35.

[82] 中国建筑科学研究院．建筑基坑支护技术规程(JGJ 120—99)[S]．北京：

中国建筑工业出版社，1999．

[83] Zhang S G, Cheng C S, X Y. Fuzzy optimization model of support scheme for deep foundation pits and its application[J]. Chinese Journal of Rock Mechanics and Engineering, 2004, 23(12): 2046~2048.

[84] 王卓甫．工程项目风险管理[M]．北京：中国水利水电出版社，2002．

[85] 高文华．淮北临涣井田综采地质条件多层次评价模型[J]．湘潭矿业学院学报，1998，13(1)：28~32．

[86] 陈守煜．工程模糊集理论应用[M]．北京：国防工业出版社，1998．

[87] 袁勇，刘亚芹．单排灌注桩基坑围护结构设计优化[J]．建筑结构，1996，26(4)：13~19．

[88] 樊有维，苏金朋．排桩支护结构 $m$ 法的优化设计[J]．江苏建筑，1999(2)：15~18．

[89] 赵文永，俞尧良，颜安平．基坑内撑式排桩围护结构优化设计[J]．浙江建筑，2001，(6)：22~23．

[90] 吴铭炳．软土基坑排桩支护研究[J]．工程勘察，2001，(4)：1~17．

[91] 武亚军，卢文阁，栗茂田．深基坑支护结构优化设计探讨[J]．建筑结构，2000，30(11)：37~40．

[92] 吴子儒．深基坑支护智能优化设计方法研究[D]．长沙：湖南大学，2005．

[93] 郭鹏飞，韩英仕，魏英姿．离散变量结构优化设计的拟满应力设计方法[J]．工程力学，2000，17(1)：94~98．

[94] 郭鹏飞，韩英仕．离散变量结构优化设计的拟满应力遗传算法[J]．工程力学，2003，20(2)：95~99．

[95] 张延年，刘斌，郭鹏飞．基于混合遗传算法的建筑结构优化设计[J]．东北大学学报，2003，24(10)：990~993．

[96] 朱朝艳．离散变量结构优化设计中遗传法的研究和应用[D]．沈阳：东北大学，2005．

[97] 孙焕纯，柴山，王跃芳．离散变量结构优化设计[M]．大连：大连理工大学出版社，1995．

[98] 陈艳艳，梁颖，刘小明．公路网布局优化设计的正交枚举法[J]．土木工程学报，2003，36(7)：14~17．

[99] 肖作平，李玉宝，于蕾．隐枚举法在资本限额下项目选择中的应用[J]．工业技术经济，2002，21(5)：75~76．

[100] 丁晓莺，王锡凡，张显．基于内点割平面法的混合整数最优潮流算法

[J]. 中国电机工程学报，2004，24(2)：1~7.

[101] 刘丽丽，唐国春. 同时加工排序问题的分支定界法和启发式算法[J]. 运筹学学报，2004，8(3)：39~44.

[102] 严驰，孙训海，冯艺. 动态规划法在搜索加筋土坡最危险滑动面的应用[J]. 水利学报，2005，36(1)：77~82.

[103] 修智宏，任光. 模糊控制器的实时精确算法与优化设计[J]. 计算机工程与应用，2004，40(20)：116~122.

[104] 陈祥伟. 平行机中关于同类机近似算法的研究[J]. 应用数学学报，2004，27(4)：599~607.

[105] 郝兵，李守仁. 冲击载荷下弹簧质量系统瞬态响应的近似求法[J]. 哈尔滨工程大学学报，2003，24(4)：427~430.

[106] 蔡文学，程耿东. 桁架结构拓扑优化设计的模拟退火算法[J]. 华南理工大学学报(自然科学版)，1998，26(9)：79~84.

[107] Beckers M, Fleury C. A primal-dual approach in truss topology optimization [J]. Comp. & Struct. , 1997, 64(4)：77~88.

[108] 王纪辉，张苏梅，单伟. 求解线性混合整数规划的罚函数法[J]. 济南大学学报，2004，18(2)：158~160.

[109] 朱朝艳，刘斌，张延年. 复合形遗传算法在离散变量桁架结构拓扑优化设计中的应用[J]. 四川大学学报，2004，36(5)：6~10.

[110] 朱朝艳，刘斌，李艺. 离散变量桁架结构拓扑优化的杂交算法[J]. 东北大学学报(自然科学版)，2004，25(8)：800~803.

[111] 张永强，雷宁利，单长胜. 系统冗余优化设计的启发式算法[J]. 系统工程与电子技术，2003，25(9)：1096~1098.

[112] Holland J H. Adaptation in natural and artificial systems [M]. Ann Arbor：The University of Michigan Press，1975.

[113] 米凯利维茨. 演化程序-遗传算法和数据编码的结合[M]. 周家驹等译. 北京：科学出版社，2000.

[114] 曹俊，朱如鹏. 一种改善遗传算法早熟现象的方法[J]. 上海大学学报，2003，9(3)：229~237.

[115] Koza J R. Genetic programming：on the programming of computer by means of natural selection [M]. Cambridge：MIT press，1992.

[116] Koza J R. Genetic programming Ⅱ：automatic discovery of reusable programs [M]. Cambridge：MIT press，1994.

［117］ Zhou X, He X R, Chen B Z. Genetic algorithm based on new evaluation func-
tion and mutation model for training of BPNN ［J］. Tsinghua Science and Tech-
nology, 2002, 7(1): 28~31.

［118］ Kwon Y D, Kwon S B, Jin S B, et al. Convergence enhanced genetic algo-
rithm with successive zooming method for solving continuous optimization prob-
lems ［J］. Computers and Structures, 2003, 81(1): 1715~1725.

［119］ 唐文艳, 顾元宪. 桁架优化遗传算法的若干改进［J］. 机械强度, 2002,
24(1): 10~12.

［120］ 蒋启平. 工程结构优化设计的新方法［J］. 工业建筑, 2001, 31(3):
23~25.

［121］ Gavin H P, Hanson R D, Filisko F E. Electrorheological dampers, part 1:
analysis and design ［J］. Journal of Applied Mechanics, ASME, 1996, 63
(9): 69~75.

［122］ 李宏男, 常治国, 赵柏东. 微种群遗传算法优化结构振动控制［J］. 地震
工程与工程振动, 2002, 22(5): 92~96.

［123］ Jenkins W M. Structural optimization with the genetic algorithm ［J］. The Struc-
tural Engineer, 1991, 69(24): 418~422.

［124］ Goldberg D E. Genetic algorithms are search, optimization, and machine
learning ［M］. Reading MA: Addison Wesley, 1989.

［125］ 唐飞, 滕弘飞. 一种改进的遗传算法及其在布局优化中的应用［J］. 软件
学报, 1999, 10(10): 1096~1102.

［126］ 于洋, 查建中, 唐晓君. 基于学习的遗传算法及其在布局中的应用［J］.
计算机学报, 2001, 24(12): 1242~1249.

［127］ Rajeev S, Krishnamoorthy C S. Discrete optimization of structures using genetic
aigorithms ［J］. Journal of Structural Engineering, ASCE 1992, 118(5):
1235~1250.

［128］ Eiben A E, Arts E H, Van Hee K M. Global convergence of genetic algo-
rithms: a infinite markov chain analysis ［C］. Schwefel H P, Manner
R. Parallel Problem Solving form Nature. Heidelberg, Berlin: Springer-Verlag
Press, 1991.

［129］ Muhlenbein H. How genetic algorithms really work. I: mutation and hill-climb-
ing ［C］. Parallel Problem Solving from Nature, 2. Amsterdam. North Holland:
Elsevier Science, 1992: 15~25.

[130] Back T. Selective pressure in evolutionary algorithms: a characterization of selection mechanisms [C]. Proceedings of the 1$^{st}$ IEEE Int Conference on Evolutionary Computation ICEC94, Orlando, Florida: Press, 1994: 57~62.

[131] Qi X, Palmier F. Theoretical analysis of evolutionary algorithms with an infinite population size in continuous space, Part: Basic properties selection and mutation [J]. IEEE Ti, ans. on Neural Network, 1994, 5(1): 102~119.

[132] 恽为民, 席裕庚. 遗传算法的全局收敛性和计算效率分析[J]. 控制理论与应用, 1996, 13(4): 455~460.

[133] 周明, 孙树栋. 遗传算法原理及应用[M]. 北京: 国防工业出版社, 1999.

[134] 张彤, 张家余, 杨旭东. 改进的混合遗传算法及其在模糊系统辨识中的应用[J]. 黑龙江自动化技术与应用, 1998, 17(3): 20~23.

[135] 张延年, 刘剑平. 改进混合遗传算法在建筑结构优化设计中的应用[J]. 华南理工大学学报, 2005, 33(3): 69~72.

[136] 张延年, 刘剑平. 改进单向搜索遗传算法的工程结构优化设计[J]. 力学季刊, 2005, 26(2): 293~298.

[137] 刘勇, 康立山, 陈毓屏. 非数值并行算法——遗传算法[M]. 北京: 科学出版社, 1997.

[138] 张明聚, 宋二祥, 陈肇元. 土钉支护设计的修正条分法[J]. 工程勘察, 1997, (6): 1~5.

[139] 程良奎, 杨志银. 喷射混凝土与土钉墙[M]. 北京: 中国建筑工业出版社, 1998.

[140] 郭院成, 秦会来, 刘战. 工作状态下土钉受力变形计算模型的建立[J]. 河南科学, 2005, 23(6): 832~834.

[141] 秦四清, 王建党. 土钉支护机理与优化设计[M]. 北京: 地质出版社, 1999.

[142] 王步云. 土钉墙设计[J]. 岩土工程技术, 1997, (4): 30~41.

[143] Bridle R J. Soil nailing-analysis and design[J]. Ground Engineering, 1989. (9): 52~56.

[144] Juran I, et al. Kinematical limit analysis for design of soil-nailed structures [J]. Journal of Geotechnical Engineering, 1990, 116(1): 54~71.

[145] Spencer E. A method of analysis of the stability of embankments assuming parallel inter-slice forces[J]. Geotechnique, 1967, 17(1): 11~26.

[146] Janbu N. Slope stability computation [J]. In: Hirschfeld. Poulos S J. Embankment-dam engineering, CasagtandeVolume, John wiley and Sons, New Yok 1973: 47~86.

[147] Sarma S K. Stability analysis of embankments and slopes[J]. Geotechnique, 1973, 23(3): 423~433.

[148] Morgenstern N. Price V E. The analysis of the stability of general slip surfaces [J]. Geotechnique, 1965, 15(1): 79~93.

[149] Chen Z Y. Morgenstern N R. Extensions to generalized method of slices for stability analysis [J]. Canadian Geotechnical Journal. 1983, 20: 104~119.

[150] 陈昌富. 仿生算法及其在边坡和基坑工程中的应用[D]. 长沙: 湖南大学, 2001.

[151] Fan K, Fredlund D G, Wilson G W. An interstice force function for limit equilibrium slope stability analysis [J]. Can. Geotech. J., 1986, 23: 287~296.

[152] 钱家欢, 殷宗泽. 土工原理与计算[M]. 北京: 中国水利水电出版社, 1996.

[153] Cellestino T B, Duncun J M. Simplified search for noncircular slip surfaces [C]. Proc. of the 1th Int. Conf. on Soil Mech. and Foundation Engrg.. Stockholm. 1981: 391~394.

[154] Nguyen V U. Determination of critical slope failure surfaces [J]. J. Geotech. Engrg. ASCE. 1985. 111(2): 238~250.

[155] Li K S. White W. Rapid evaluation of the critical slip surface in slope stability problems [J]. Int. J. Numer. and Analytical Methods in Geomech.. 1987, (11): 419~473.

[156] Arai H, Tagyo K. Determination of noncircular slip surface giving the minimum factor of safety in slope stability analysis [J]. Soils and Found., 1985, 25 (1): 43~45.

[157] 邹广电. 复杂边坡稳定分析条分法的优化方法[J]. 水利学报, 1989, (2): 55~63.

[158] Basudhar P K. et al. SUMSATAB-A computer software for generalized stability analysis of zoned dams [C]. Proc. 6th Int. Conf. on Numerical Methods in Geomechanics, Innsbruck, Austria, 1988: 1407~1412.

[159] 江见鲸. 土建工程常用微机程序汇编[G]. 北京: 中国水利电力出版

社，1987.

[160] Chen Z Y, Shao C M. Evaluation of minimum factor of safety in slope stability analysis[J]. Can. Geotech. J. , 1988, 20: 104~119.

[161] Castillo E, Revilla J. The calculus of variations and the stability of slopes [C]. Proc. 9th Int. Conf. on Soil Mechanics and Foundation Engrg. , 1977, 25~30.

[162] Ramamurthy T, et al. Variational method for slope stability analysis [C]. Proc. 9th Int Conf. on Soil Mechanics and Foundation Engrg. 1977: 39~142.

[163] Narayan C G P, et al. Nonlocal variational method in stability analysis [J]. J. Geotech. Engrn. ASCE. , 1982, 108(11): 1443~1457.

[164] Baker R. Determination of the critical slipe surface in slope stability computations [J]. Int. J. Numer. And Analytical Methods in Geomech. , 1980, 4: 333~359.

[165] Yamagami T, Ueta Y. Noncircular slip surface analysis of the stability of slopes surface analysis of the stability of slopes-an application of dynamic programming to the Janbu method [J]. J. of Japan Landslide Society, 1986, 22(4): 8~16.

[166] 朱大勇. 土坡稳定性分析方法[D]. 南京：工程兵工程学院，1999.

[167] Boutrup E, Lovell C W. Search techniques in slope stability analysis [J]. Engrg. Geol. , 1980, 16: 51~61.

[168] Greco V R. Efficient Monte-Carlo technique for locating critical slip surface [J]. Can. Geotech. J, 1996, 20: 104~119.

[169] Chen Z Y. Random trials used in determining global minimum factors of safety of slopes [J]. Can. Geotech. J, 1992, 20: 104~119.

[170] 肖专文，龚晓南，谭昌明. 基坑土钉支护优化设计的遗传算法[J]. 土木工程学报，1999, 32(3): 73~80.

[171] 陈昌富，吴子儒，曹佳. 水泥土墙支护结构遗传进化优化设计方法[J]. 岩土工程学报，2005, 27(2): 224~229.

[172] 王良会. 水泥土墙在工程中的应用[J]. 电力勘测，2001, (2): 11~13.

[173] 陈明中，龚晓南，梁磊. 深层搅拌桩支护结构优化设计[J]. 建筑结构，1999, 29(5): 3~4.

[174] 张冬梅，王箭明. 正交试验法在水泥土搅拌桩挡墙优化设计中的应用[J]. 建筑结构，2000, 30(11): 34.

[175] 赵明华. 基础工程[M]. 北京：高等教育出版社，2003.

[176] 陈忠汉，黄书轶，程丽萍. 深基坑工程[M]. 北京：中国建筑工业出版社，2002.

[177] 俞跃平. 深层搅拌桩法在深基坑围护中的应用[J]. 岩土工程界，2000，3(12)：31～33.

# 冶金工业出版社部分图书推荐

| 书　名 | 作　者 | 定价(元) |
|---|---|---|
| 冶金建设工程 | 李慧民　主编 | 35.00 |
| 建筑工程经济与项目管理 | 李慧民　主编 | 28.00 |
| 建筑施工技术(第2版)(国规教材) | 王士川　主编 | 42.00 |
| 现代建筑设备工程(第2版)(本科教材) | 郑庆红　等编 | 59.00 |
| 土木工程材料(本科教材) | 廖国胜　主编 | 40.00 |
| 混凝土及砌体结构(本科教材) | 王社良　主编 | 41.00 |
| 岩土工程测试技术(本科教材) | 沈　扬　主编 | 33.00 |
| 工程地质学(本科教材) | 张　荫　主编 | 32.00 |
| 工程造价管理(本科教材) | 虞晓芬　主编 | 39.00 |
| 土力学地基基础(本科教材) | 韩晓雷　主编 | 36.00 |
| 建筑安装工程造价(本科教材) | 肖作义　主编 | 45.00 |
| 土木工程施工组织(本科教材) | 蒋红妍　主编 | 26.00 |
| 施工企业会计(第2版)(国规教材) | 朱宾梅　主编 | 46.00 |
| 工程荷载与可靠度设计原理(本科教材) | 郝圣旺　主编 | 28.00 |
| 土木工程概论(第2版)(本科教材) | 胡长明　主编 | 32.00 |
| 土力学与基础工程(本科教材) | 冯志焱　主编 | 28.00 |
| 支挡结构设计(本科教材) | 汪班桥　主编 | 30.00 |
| 居住建筑设计(本科教材) | 赵小龙　主编 | 29.00 |
| Soil Mechanics(土力学)(本科教材) | 缪林昌　主编 | 25.00 |
| 岩石力学(高职高专教材) | 杨建中　主编 | 26.00 |
| 建筑设备(高职高专教材) | 郑敏丽　主编 | 25.00 |
| 岩土材料的环境效应 | 陈四利　等编著 | 26.00 |
| 混凝土断裂与损伤 | 沈新普　等著 | 15.00 |
| 建设工程台阶爆破 | 郑炳旭　等编 | 29.00 |
| 计算机辅助建筑设计 | 刘声远　编著 | 25.00 |
| 建筑施工企业安全评价操作实务 | 张　超　主编 | 56.00 |
| 现行冶金工程施工标准汇编(上册) | | 248.00 |
| 现行冶金工程施工标准汇编(下册) | | 248.00 |